U0193680

高等院校艺术学门类「十四五」系列教材

园林制图

ZHITU

蔡 静

陈 丽 曾 艳 戴 欢 张辛阳

刘佳辉 张路实 段丽娟 罗 烨

黄江涛 郑智辰 蔡 蕊

华中科技大学出版社
http://press.hust.edu.cn
中国·武汉

内 容 提 要

本教材按照高等院校园林、风景园林专业教学大纲编写,系统地阐述了制图历史沿革及各项基础知识,重点介绍制图基本规范和作图技巧。

全书共分 8 个章节,包括绪论、制图基本知识、投影作图、立体的投影、建筑制图、地形、园林要素表现技法、园林施工图设计等内容。

本教材适合环境艺术设计、园林、风景园林、城乡规划等专业的本、专科及高等职业教育相关专业的学生使用,也可作为园艺、旅游管理及相关行业人员的参考用书。

图书在版编目(CIP)数据

园林制图/蔡静主编. —武汉:华中科技大学出版社,2023.9
ISBN 978-7-5772-0031-6

Ⅰ.①园… Ⅱ.①蔡… Ⅲ.①园林设计-建筑制图 Ⅳ.①TU986.2

中国国家版本馆 CIP 数据核字(2023)第 175260 号

园林制图
Yuanlin Zhitu

蔡 静 主编

策划编辑:袁 冲
责任编辑:白 慧
封面设计:孢 子
责任监印:朱 玢
出版发行:华中科技大学出版社(中国·武汉) 电话:(027)81321913
　　　　　武汉市东湖新技术开发区华工科技园 邮编:430223
录　排:华中科技大学惠友文印中心
印　刷:武汉科源印刷设计有限公司
开　本:889 mm×1194 mm　1/16
印　张:12
字　数:380 千字
版　次:2023 年 9 月第 1 版第 1 次印刷
定　价:39.00 元

前言
Preface

　　园林制图是园林、风景园林专业的专业基础课,它是向专业设计类课程过渡的一门基础课程。通过本课程的学习,学生应初步了解园林、风景园林规划设计的概况,掌握基本绘图原理,以及园林制图和表现、建筑制图和表现的相关规范、方法和技巧,提高实际动手能力。

　　本教材主要介绍制图基本知识、投影作图、立体的投影、建筑制图、地形、园林要素表现技法、园林施工图设计等内容。学生在学习的同时应了解风景园林规划设计的学科背景和专业动态,理解园林制图绘图原理,熟悉制图工具使用方法,掌握制图的基本规范和方法,能运用制图工具完成课程任务。

　　本教材充分考虑社会政策对园林制图的要求,引导学生坚定社会主义理想信念。通过本教材的学习,学生可树立科学的学习观,锻炼逻辑思维能力,在掌握课程核心内容的基础上培养制图能力和创新能力。"艰难困苦,玉汝于成",学生应不畏艰难,承担起文化传承创新的历史使命,成为高层次创新型人才。

　　鉴于编者水平有限,书中难免存在缺漏和不足之处,恳请广大读者和同仁提出宝贵的意见和建议,在此感谢大家。

编者
2023 年 3 月

目录
Contents

Yuanlin Zhitu

1

绪　论

1.1
风景园林的定义

　　风景园林是利用科学和艺术手段营造人类美好的室外生活境域的一门学科,包括艺术、环境、建筑、工程和社会学的元素。风景园林师参与空间的设计,"创造和实现建筑之间的生活",其成果可以在街道、道路、共享路径、住宅区、公寓区、购物中心、广场、花园、袖珍公园、游乐场、墓地、纪念馆、博物馆、学校、交通网络、区域公园、国家公园、森林、水路以及城镇、城市和国家之间看到(图 1-1 至图 1-4)。风景园林师不仅仅是为设计创造框架,而是结合政策为所有人创造更好的生活环境。

图 1-1　旅游度假区

图 1-2　乡村规划

　　2020 年,国际风景园林师联合会(IFLA)对风景园林师的工作进行了非常全面的阐释,涉及风景园林师的工作职责、实践途径、工作内容、热点问题、宗旨目标等方面,其对风景园林师的定义为:风景园林师规划、设计并管理自然和建成环境,运用美学和科学原理来解决生态可持续性、景观质量和健康、集体记忆、遗产和文化及地域公正性等问题。风景园林师通过融合其他学科的知识来协调自然与文化生态系统之间的关系,比如适应和减缓气候变化、提升生态系统稳定性、促进社会经济进步、保障人民健康和福利,从而创造人们期待的社会和经济良好的场所。IFLA 对风景园林师工作的阐释实际上也是对风景园林的一种具有普遍性和通用性的定义。

图 1-3　主题公园

图 1-4　城市广场

1.2
风景园林的发展

1.2.1　风景园林的历史

风景园林是一门既古老又年轻的应用型学科,它的历史比今天广泛使用的学科名称的历史要久远得多。伴随着社会的发展,世界各国风景园林学科的实践和研究领域也在不断拓展,为学科本身注入了丰富的内涵。概括来说,世界风景园林的发展可划分为 5 个阶段:造园阶段(1828 年以前)、孕育和创立阶段(1828—1900 年)、现代主义运动阶段(1900—1960 年)、生态风景园林阶段(1960—1980 年)、多元发展阶段(1980 年至今)。

1.2.2 风景园林的现状

今天的风景园林呈现一种多元化的发展趋势,世界各国对风景园林也提出了新的概念,如可持续场地 (sustainable sites)、景观都市主义(landscape urbanism)、地理设计(geo-design)、棕地再生(brownfield regeneration)、景观特征评估(landscape character assessment)和景观立法等,引领着风景园林新的思潮和实践。未来风景园林的学科内涵将更充实,涉及范围将更大,向着宏观的人类所创造的各种人文环境全面延伸,同时广泛地渗透到人们生活的各个领域,成为人居环境建设领域不可或缺的重要学科。

1.2.3 风景园林的未来

风景园林学科的建设未来面临两大任务:传承中国风景园林知行传统,创新人与自然和谐共生知识体系。

明崇祯七年(1634 年),中国学者计成(图 1-5)总结提炼了 2000 多年来中国园林实践的智慧和技术,完成了世界园林学最早的学术著作之一《园冶》(图 1-6)。1929 年,英国著名学者威尔逊出版著作《中国——园林之母》(China:Mother of Gardens),将中国园林誉为世界园林之母。中国园林是中华优秀传统文化的璀璨结晶,是屈指可数的具有鲜明"中国特色、中国风格、中国气派"的中国原创学科,是"中国立场、中国智慧、中国价值"的杰出例证,是中华民族文化自信和文化竞争力的重要体现。因此,风景园林学科的第一任务是传承中国风景园林知行传统。"人与自然和谐共生的现代化"是中国式现代化的 5 个特征之一,联合国目前也将"人与自然和谐共生"(living harmony with nature)列为 2050 年人类社会的发展目标。风景园林学科具备建立"人与自然和谐共生"中国知识体系的独特思想基础、长期实践积累和巨大发展潜力。中国独树一帜的"人与天调""天人合一"思想在数千年农业文明中,催生了数不胜数的人与自然和谐共生的实践范例,它们都是在山水格局内定位与发展人居环境和人工设施的典范。因此在气候危机和生物多样性危机的背景下,风景园林学科更为迫切的任务是创新人与自然和谐共生知识体系。

图 1-5 计成

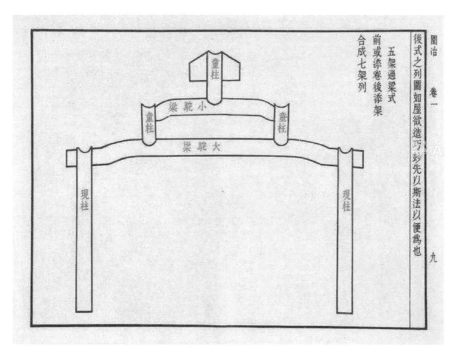

图 1-6 《园冶》插图

1.3
常用的制图表达方式

常用的制图表达方式有手工绘图（平面图、立面图、剖面图、效果图等）、实物模型（手工模型、机器制作模型等）、电脑绘图（CAD、Photoshop、SketchUp、Lumion、Mars、Rhino 等）、文字描述（设计说明、文本等）、语言表达（汇报、交流等）（见图 1-7、图 1-8）。

图 1-7 手工模型

图 1-8　电脑绘图

园林制图的实践领域中,门类众多、体系庞杂,并与多学科交叉,操作层面和实践范畴涉及甚广(见图1-9)。为了实现规划表达形式的统一、设计图纸编制深度的统一,解决风景园林专业的图例图示表达、计算机制图图层设置不规范以及本专业内的图纸衔接等问题,风景园林制图标准应运而生。

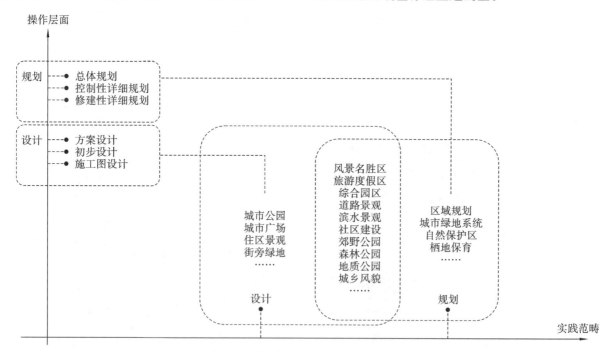

图 1-9　风景园林实践领域及操作层面

风景园林制图标准可理解为:为了在风景园林专业制图中获得最佳秩序,在结合风景园林规划设计特点和遵守技术制图统一规则的前提下,针对风景园林制图中共同遵循的要求和重复使用的事务而编制的一系列规范性文件。这一系列按照一定关系组合而成的整体即为风景园林制图标准体系。制图标准包含"制图过程"的配置规则和"成果图件"的表达规则,它们是风景园林制图标准需要规定的对象(图1-10)。

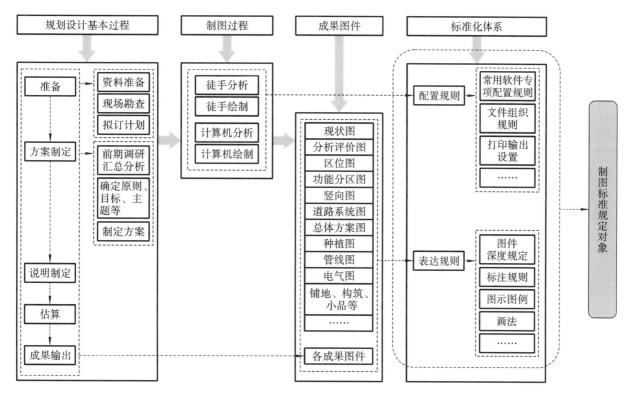

图 1-10 风景园林制图标准规定对象

Yuanlin Zhitu

2

制图基本知识

2.1
制图工具及其使用

常用的制图工具如图 2-1 所示。

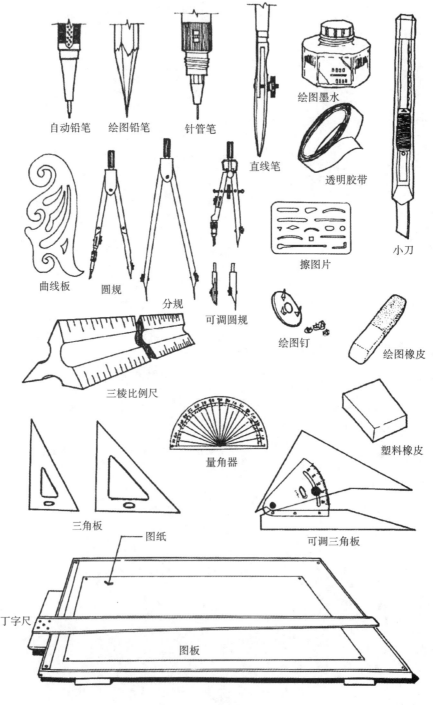

图 2-1　常用制图工具

2.1.1　图板、丁字尺、三角板

2.1.1.1　图板

绘图板简称图板,用胶合板制作,作用是固定图纸(图 2-2)。普通图板由框架和面板组成,短边称为工作边,面板称为工作面。图板一般分为四个类型:零号(1200 mm×900 mm)、一号(900 mm×600 mm)、二号(600 mm×450 mm)、三号(300 mm×450 mm),如表 2-1 所示。

表 2-1　图板尺寸

图板规格代号	0	1	2	3
图板尺寸	1200 mm×900 mm	900 mm×600 mm	600 mm×450 mm	300 mm×450 mm

图板使用注意事项(见图 2-3):

(1)要求板面平整光滑,有一定的弹性。

(2)左边框为工作边,要求边框平直。

(3)图板是木制品,用后应妥善保存,避免在图板上乱刻乱划、加压重物,图板不能置于阳光下暴晒,也不能在潮湿的环境中存放,更不能让雨淋。

(4)贴图纸时宜采用透明胶带纸,尽量不使用图钉。不用图板时将其竖向放置保管。

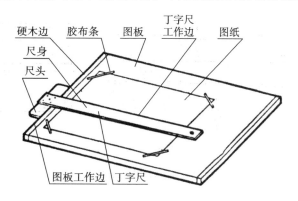

图 2-2　图板

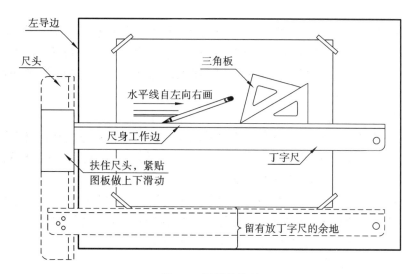

图 2-3　图板的使用

2.1.1.2　丁字尺

丁字尺主要用于画水平线,它由尺头和尺身两部分组成,尺身沿长度方向带有刻度的侧边为工作边。丁字尺一般分为三个类型:1200 mm、900 mm、600 mm。使用时,左手握尺头,使尺头紧靠图板左边缘;尺头沿图板的左边缘上下滑动到需要画线的位置,即可从左向右画水平线。

丁字尺使用注意事项(见图2-4):

(1)应将丁字尺尺头放在图板左侧,并与边缘紧贴,可上下滑动使用,不能在图板其他侧向使用。

(2)尺头应尽量紧贴图板工作边,只能在丁字尺尺身上侧画线,画水平线必须自左至右。

(3)不能用丁字尺工作边裁纸,画同一张图纸时,丁字尺尺头不得在图板的其他各边滑动,也不能用来画垂直线。

(4)过长的斜线可用丁字尺画,较长的直平行线组也可用具有可调节尺头的丁字尺来作图。

(5)丁字尺是用有机玻璃制成的,容易摔断、变形,用后应将其挂在墙上或平放。

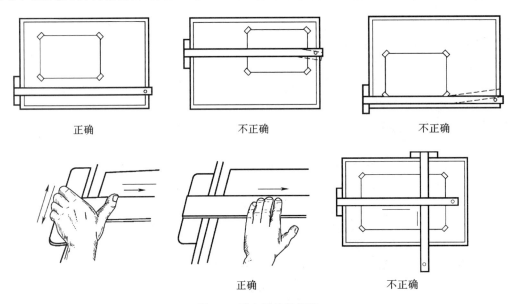

图 2-4　丁字尺使用规范

2.1.1.3　三角板

三角板是制图的主要工具之一,与丁字尺或一字尺配合使用。画线时,使丁字尺尺头与图板工作边靠紧,三角板与丁字尺靠紧,左手按住三角板和丁字尺,右手画竖线和斜线。一副三角板有 $30° \times 60° \times 90°$ 和 $45° \times 45° \times 90°$ 两块。三角板与丁字尺配合可以画出垂直线以及与水平方向成 $15°$ 或 $15°$ 倍角的斜线,还能画出这些线的平行线。

三角板使用注意事项:

(1)三角板的使用方法要正确,比如界划材料的时候最好不要使用塑料三角板,这样三角板很容易被刮花。有很多的人都会犯一个错误,就是在画线的时候速度太快,然后笔尖会因为三角板的滑溜特点而顺着三角板划过,这样就会弄花数值,所以画线速度应适中。

(2)三角板最好不要与小刀或金属文具混在一起放,与笔混在一起时笔一定要套上笔盖。

(3)一定要防止暴晒和长期的日照,尤其塑料三角板的耐温性能不佳,容易变形。

(4)尽量不要弄脏三角板,如果不小心沾上墨水等应及时擦干净。

三角板使用规范如图2-5所示。

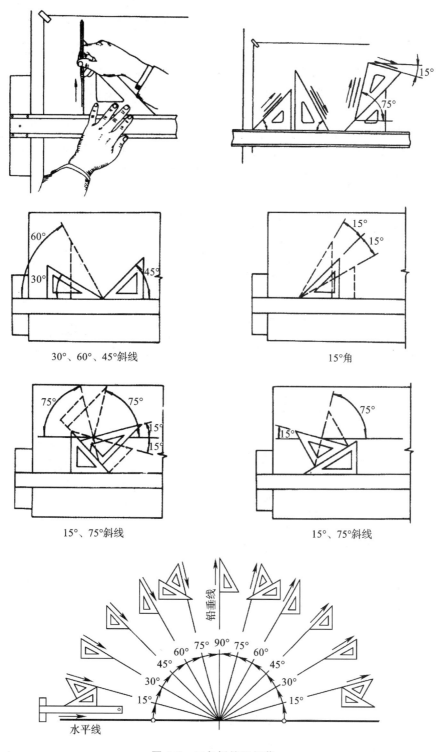

30°、60°、45°斜线

15°角

15°、75°斜线

15°、75°斜线

图 2-5　三角板使用规范

2.1.2 曲线板、制图模板、比例尺

2.1.2.1 曲线板

曲线板是绘制非圆曲线的专用工具之一。曲线板的种类很多,曲率大小各不相同,有复式曲线板和单式曲线板两种。复式曲线板用来画简单的曲线,单式曲线板用来画复杂的曲线,每套有多块,每块都由一些曲率不同的曲线组成。

使用曲线板绘制曲线时,首先按相应作图法作出曲线上的一些点,再用铅笔徒手把各点依次连成曲线,然后找出曲线板上与曲线相吻合的一段,画出该段曲线,最后同样找出下一段,注意前后两段应有一小段重合,曲线才显得圆滑。以此类推,直至画完全部曲线。见图 2-6。

图 2-6 曲线板使用规范

2.1.2.2 制图模板

为了提高制图速度和质量,人们将图样上常用的符号、图形刻在有机玻璃板上,做成模板,方便使用。制图模板的种类很多,如建筑模板、家具模板、结构模板、给排水模板等。图 2-7 所示是建筑模板。

2.1.2.3 比例尺

比例尺是绘图时用来缩小线段长度的尺子。比例尺通常制成三棱柱状,故又称为三棱尺,如图 2-8 所示。

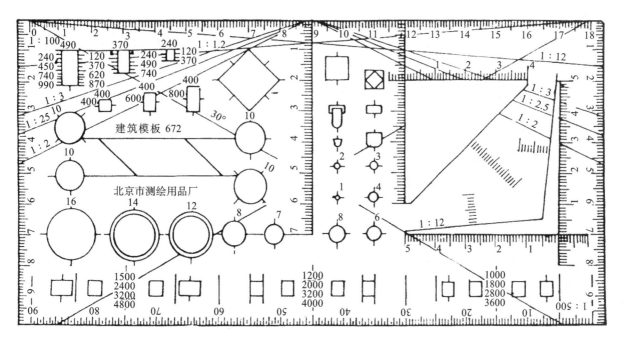

图 2-7　建筑模板

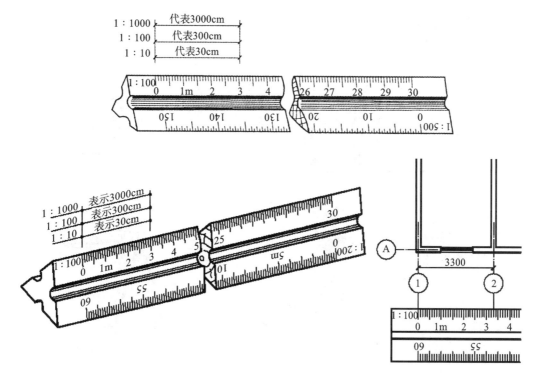

图 2-8　比例尺

　　由于建筑物与其构件都较大,不可能也没有必要按 1:1 的比例绘制,通常都要按比例缩小,为了绘图方便,常使用比例尺。

　　比例尺一般为木制或由塑料制成,比例尺的三个棱面刻有六种比例,通常有 1:100、1:200、1:300、1:400、1:100、1:600,比例尺上的数字以"m"为单位。

　　使用比例尺制图时,当比例尺与图样上的比例相同时,可直接量度尺寸——将尺子置于图上要量的距离之上,并对准量度方向,便可直接量出;若比例不同,可采用换算方法求出尺寸。当线段 MN 采用 1:500 的比例尺的直接测量读数为 13 m 时,用 1:50 的比例尺的读数为 1.3 m,而用 1:5 的比例尺的读数为

0.13 m。为求绘图精确,使用比例尺时切勿累计其距离,应先绘出整个宽度和长度,然后进行分割。

比例尺不可以用来画线,不能弯曲,尺身应保持平直,尺子上的刻度要清晰、准确,以免影响使用。

2.1.3　圆规与分规、绘图笔、图纸

2.1.3.1　圆规与分规

1.圆规

圆规是用来画圆和圆弧的绘图仪器,包括组合式圆规、精密小圆规、弓形小圆规等。

精密小圆规用于画小圆,具有画圆速度快、使用方便等特点。弓形小圆规也常用于画小圆。组合式圆规有固定针脚及可移动的铅笔脚、鸭嘴脚及延伸杆。

圆规使用规范见图 2-9。

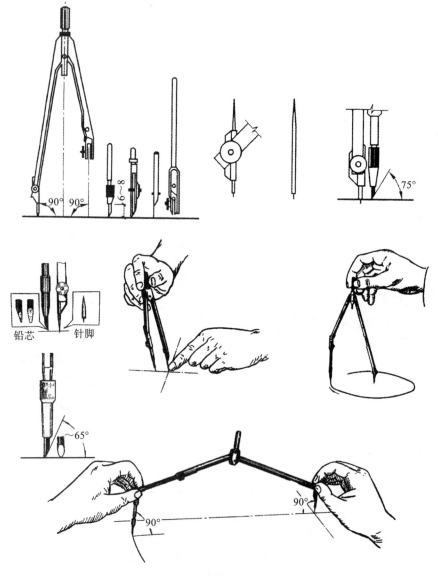

图 2-9　圆规使用规范

2. 分规

分规是用来量取线段、量度尺寸和等分线段的一种仪器。分规与圆规相似,只是两腿均装了圆锥状的钢针,两只钢针必须等长,既可用于量取线段的长度,又可等分线段和圆弧。分规的两针尖合拢时应对齐。分规使用规范见图2-10。

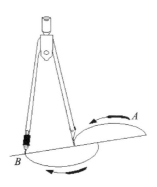

图 2-10　分规使用规范

2.1.3.2　绘图笔

绘图笔的种类很多,包括绘图墨线笔、绘图蘸笔、绘图铅笔等。

1. 绘图墨线笔

绘图墨线笔又叫针管笔,其笔头为一根针管,有粗细不同的规格,内配相应的通针。它能像普通钢笔那样吸墨水和存储墨水,描图时不需频频加墨。针管笔的墨水从管中流出是空气压力和重力的结果。进入笔管中的空气来自运笔过程中的笔尖,小气泡从笔尖浮入笔管中,然后施压在墨水上。笔尖组合件中的通气道使笔管内外空气压力持平,所以能保持墨水均匀流出。如果通气道阻滞,气泡不能进入,墨水也就不能流出。阻滞是因为振动了笔,这使得空气扩张,从而使墨水进入通气管。在管式笔尖里是系于一重物的细金属丝,这是针管笔中唯一的可动部分,针管笔倾斜或振动时,重力使金属丝上下移动,控制着墨水的流出,并清除笔尖里的任何小杂物。针管笔及其型号见图2-11。

针管笔使用注意事项:

(1)绘制线条时,针管笔笔身应尽量保持与纸面垂直,以保证画出粗细均匀一致的线条。

(2)针管笔作图顺序应依照先上后下、先左后右、先曲后直、先细后粗的原则,运笔速度及用力应均匀、平稳。

(3)用较粗的针管笔作图时,落笔及收笔均不应有停顿。

(4)针管笔除用来作直线段外,还可以借助圆规的附件和圆规连接起来作圆周线或圆弧线。

(5)平时宜正确使用和保养针管笔,以保证针管笔有良好的工作状态及较长的使用寿命。针管笔在不使用时应随时套上笔帽,以免针尖墨水干结,并应定时清洗,以保持书写流畅。

2. 绘图蘸笔

绘图蘸笔主要用于书写墨线字体,与普通蘸笔相比,其笔尖较细,写出来的字笔画细长,看起来很清秀;同时可用于书写字号较小的字。写字时,每次蘸墨水不要太多,并应保持笔杆的清洁。目前绘图蘸笔已很少使用。

3. 绘图铅笔

绘图铅笔有多种硬度:"H"表示硬芯铅笔,H~3H常用于画稿线;"B"表示软芯铅笔,B~3B常用于加深

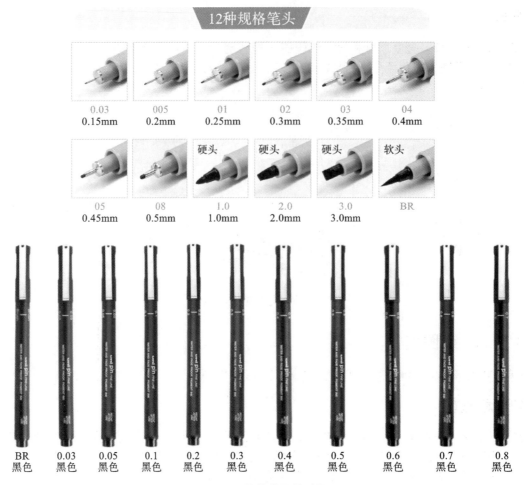

图 2-11 针管笔及其型号

图线的色泽;"HB"表示中等硬度铅笔,通常用于注写文字和加深图线等。

铅笔笔芯可以削成楔形、尖锥形和圆锥形等。尖锥形铅芯用于画稿线、细线和注写文字等;楔形铅芯可削成不同的厚度,用于加深不同宽度的图线。见图 2-12。

铅笔应从没有标记的一端开始使用。画线时握笔要自然,速度、用力要均匀。用圆锥形铅芯画较长的线段时,应边画边在手中缓慢地转动且始终与纸面保持一定的角度。

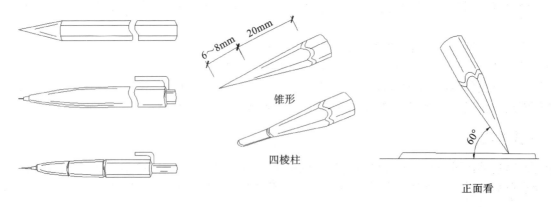

图 2-12 绘图铅笔及其铅芯

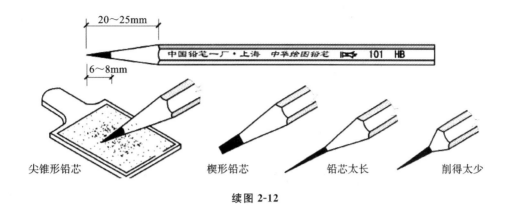

尖锥形铅芯　　　楔形铅芯　　　铅芯太长　　　削得太少

续图 2-12

2.1.3.3 图纸

图纸有绘图纸和描图纸两种。绘图纸用于画铅笔或墨线图,要求纸面洁白、质地坚实,并以橡皮擦拭不起毛、画墨线不洇纸为好;描图纸用于描绘图样,作为复制蓝图的底图。

2.1.4 其他用品

绘图时还需要的用品有量角器、绘图墨水、小钢笔、刀片、橡皮、胶带纸、擦图片、小毛刷、细砂纸等,如图2-13 所示。

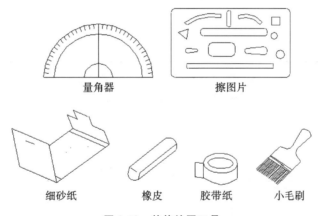

量角器　　　　　　　擦图片

细砂纸　　　橡皮　　　胶带纸　　　小毛刷

图 2-13　其他绘图工具

2.2
制图的基本规格

2.2.1 图幅

图幅是图纸幅面的简称,指图纸尺寸规格的大小。常用的图幅有 5 种,由大到小依次为 A0、A1、A2、A3、A4,其尺寸如图2-14、图2-15 所示。不同类型的图纸幅面如图2-16 所示。

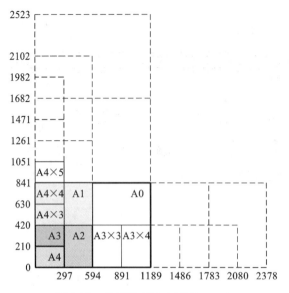

图 2-14　图幅对应尺寸(单位:mm)

尺寸代号	幅面代号				
	A0	A1	A2	A3	A4
$b\times l$	841×1189	594×841	420×594	297×420	210×297
c	10			5	
a	25				

图 2-15　幅面及图框尺寸(单位:mm)

注:b 为图幅短边的尺寸;l 为图幅长边的尺寸;c 为图幅线与图框边线的宽度;a 为图幅线与装订边的宽度。

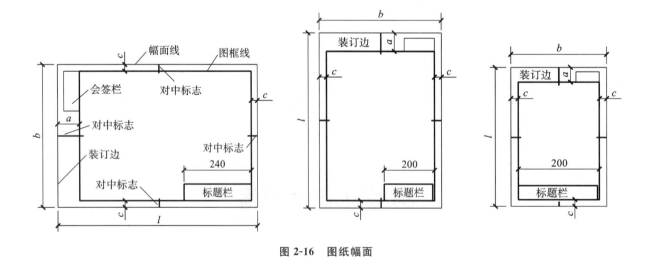

图 2-16　图纸幅面

2.2.2　标题栏、会签栏

标题栏:用来填写设计单位(设计人、绘图人、审批人)的签名和日期、工程名称、图名、图纸编号等内容

（图 2-17）。涉外工程中文下方应附有译文,设计单位的上方或左方应加"中华人民共和国"字样。标题栏位于图框右下角,根据工程需要确定尺寸、格式和分区。学生作业标题栏如图 2-18 所示。

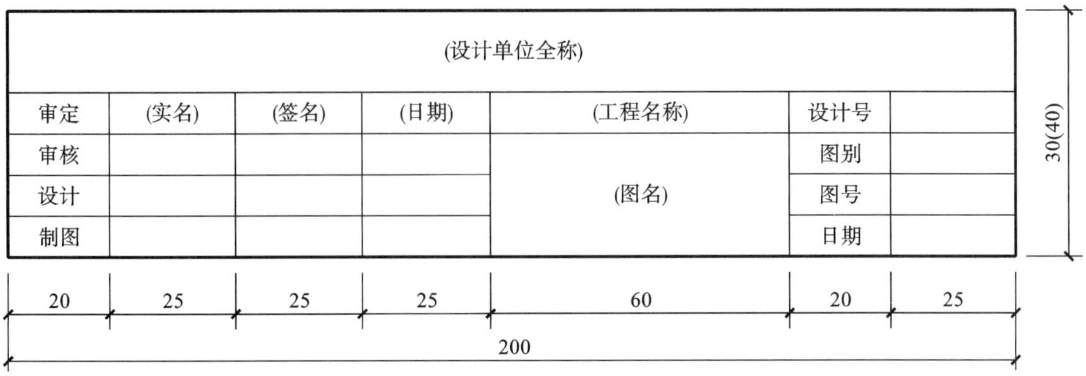

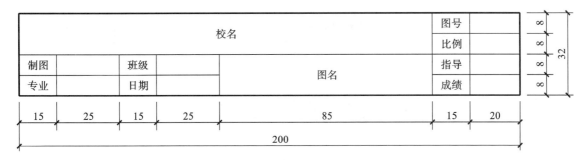

图 2-17　标题栏(单位:mm)

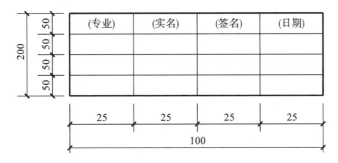

图 2-18　学生作业标题栏(单位:mm)

　　会签栏:由各工种负责人签署专业、姓名、日期用的表格(图 2-19)。会签栏位于图纸左侧上方的图框线外,可根据需要并列设两个或不设。

图 2-19　会签栏(单位:mm)

2.2.3　字体

　　国家标准规定:图纸上书写的文字、数字或者符号等,都应该笔画清晰、字体端正、排列整齐;标点符号应该清楚正确。

　　字体的大小用字号表示,字体的号数就是字体的高度(用 h 表示,单位为 mm),如 5 号字的高度为 5 mm。文字的高度(h)应从如下系列中选用:3.5 mm、5 mm、7 mm、10 mm、14 mm、20 mm。如需书写更大的字,其高度应按照 $\sqrt{2}$ 的比例递增。

　　长仿宋字体规格及范围如表 2-2 所示,对应字号见图 2-20。

表 2-2　长仿宋字体规格及使用范围　　　　　　　　　　　　　单位:mm

字高(字号)	20	14	10	7	5	3.5	2.5
字宽	14	10	7	5	3.5	2.5	1.5
(1/4)h	—	—	2.5	1.8	1.3	0.9	0.6
(1/3)h	—	—	3.3	2.3	1.7	1.2	0.8
使用范围	标题或封面用字		各种图标题用字		1.详图数字和标题用字 2.标题下的比例数字 3.剖面符号 4.一般说明文字		
					1.表格名称 2.详图及附注标题	尺寸、标高及其他	

10号字　字体工整　笔画清楚　间隔均匀　排列整齐

7号字　　横平竖直　注意起落　结构均匀　填满方格

5号字　　　技术制图　机械电子　汽车船舶　土木建筑

3.5号字　　螺纹齿轮　航空工业　施工排水　供暖通风　矿山港口

图 2-20　长仿宋字及字号

2.2.3.1　汉字

(1)为保证字体整齐、美观,书写前应先打字格。字格的高宽比宜用 3:2,字的行距应大于字距,行距约为字高的 1/3,字距约为字高的 1/4,字格的大小与所书写的字体大小应一致。长仿宋字字高及行距见图 2-21。

图 2-21　长仿宋字字高及行距

(2)汉字不论繁简,都是由横、竖、撇、捺、钩、挑和点等基本笔画构成的。书写汉字时应注重基本笔画,掌握书写要领,并注意各种部首和偏旁在字格中的位置和比例关系。长仿宋字笔画如表 2-3 所示。

表 2-3　长仿宋字笔画

笔画名称	笔法	运笔说明
横		横可略斜,运笔起落略顿,使尽端呈三角形,但应一笔完成
竖		竖要垂直,有时可向左略斜,运笔同横
撇		撇的起笔同竖,但是随斜向逐渐变细,而运笔也由重到轻
捺		捺与撇相反,起笔轻而落笔重,终端秒针顿再向右尖挑
点		点笔起笔轻而落笔重,形成上尖下圆的光滑形象
竖钩		竖钩的竖同竖笔,但要挺直,稍顿后向左上尖挑
横钩		横钩由两笔组成,横同横笔,末笔应起重落轻,钩尖如针
挑		运笔由轻到重再轻,由直转弯,过渡要圆滑,转折有棱角

（3）每个汉字是一个整体,其间架结构应平稳匀称、分布均匀、疏密有致。一般字体的主要笔画应该顶格,但像"国、围、图"等全包围结构的字应四周缩格,"贝、且、月"等应左右缩格。由几个部分组成的字体应注意各部分的比例关系,笔画复杂的应占较大的位置,并且注意笔画之间的穿插和避让。长仿宋字结构见图 2-22。

图 2-22　长仿宋字结构展示

2.2.3.2　数字和字母

工程图样中常用的拉丁字母、阿拉伯数字和罗马数字,可根据需要写成直体或斜体。斜体字的倾斜度应是从字的底线逆时针向上倾斜75°,斜体字的高度和宽度应与相应的直体字相等。数字与字母按其笔画宽度又可分为一般字体和窄字体两种,数字与字母的字高应不小于 2.5 mm。各种数字和字母的写法见图2-23。

图 2-23　数字和字母

2.3

比　　例

比例是指图形与实物相对应的线性尺寸之比。

比例的选用:可根据图样的用途和被绘物体的复杂程度,从表 2-4 中选用对应的比例,并优先使用表中的常用比例。

表 2-4　比例的选用

常用比例	1:1、1:2、1:5、1:10、1:20、1:50、1:100、1:150、1:200、1:500、1:1000、1:2000、1:5000、1:10 000、1:20 000、1:50 000、1:100 000、1:200 000
可用比例	1:3、1:4、1:6、1:15、1:25、1:30、1:40、1:60、1:80、1:250、1:300、1:400、1:600

比例的标注:比例注写在图名的右侧,比例的字高宜比图名的字高小一号或两号;也可把比例统一注写在标题栏内(见图2-24)。

平面图 1:100　　　⑥ 1:20

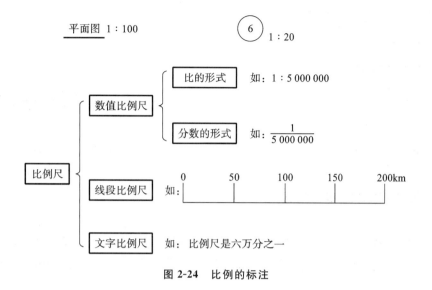

图 2-24　比例的标注

2.4 尺 寸 标 注

2.4.1　尺寸组成

尺寸组成的基本要素:尺寸界线、尺寸线、尺寸起止符号和尺寸数字(见图 2-25)。

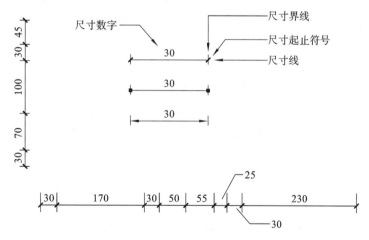

图 2-25　尺寸组成

尺寸界线:用细实线绘制,与被注长度垂直,一端离开图样轮廓线≥2 mm,另一端超出尺寸线 2~3 mm (图 2-26)。图样轮廓线、中心线及轴线在必要时允许用作尺寸界线。

尺寸线:用细实线绘制,与被标注的长度平行,且不宜超出尺寸界线。其他任何图线均不得用作尺寸线。

尺寸起止符号:用中粗斜短线绘制,倾斜方向与尺寸界线成顺时针 45°角,长度宜为 2~3 mm,标注在尺寸的起止点位置(尺寸线与尺寸界线的相交点)。

尺寸数字:用阿拉伯数字标注工程形体的实际尺寸,尺寸单位除标高和总平面图以米为单位外,其他均以毫米为单位(图 2-27)。应注意读数方向。

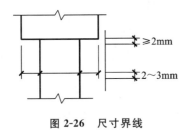

图 2-26　尺寸界线

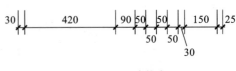

图 2-27　尺寸数字

2.4.2　尺寸排列与布置

尺寸宜标注在图样轮廓线以外,如图线必须穿过尺寸数字而不可避免时,应将尺寸数字处的图线断开。

互相平行的尺寸线,应从被标注的图样轮廓线由近及远整齐排列,小尺寸离轮廓线较近,大尺寸离得较远。

图样轮廓线以外的尺寸线,距图样最外轮廓线的距离不小于 10 mm,平行排列的尺寸线之间的距离宜为 7～10 mm,并应保持一致。

总尺寸的尺寸界线应靠近所指部位,中间分尺寸的尺寸界线可稍短。

2.4.3　半径、直径、球的尺寸标注

半径:用于标注半圆或小于半圆的圆弧。其尺寸线一端从圆心开始,另一端画箭头指向圆弧,半径数字前加注符号"R",见图 2-28。

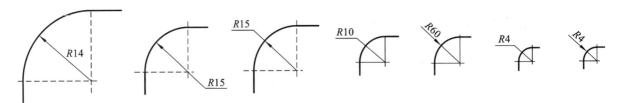

图 2-28　半径尺寸标注

直径:用于标注圆或大于半圆的圆弧。在圆内标注的直径尺寸线应通过圆心,两端箭头指向圆弧;较小圆的直径尺寸可标注在圆外;大于半圆的圆弧,直径尺寸线一端通过圆心,另一端画箭头指向圆弧。直径数字前加注符号"ϕ",见图 2-29。

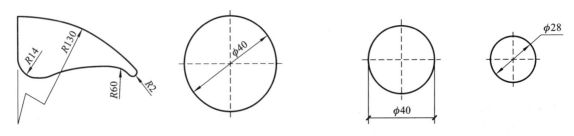

图 2-29　直径尺寸标注

球:标注球的半径尺寸时,在尺寸数字前加注符号"SR",标注球的直径尺寸时,在尺寸数字前加注符号"$S\phi$",见图 2-30。

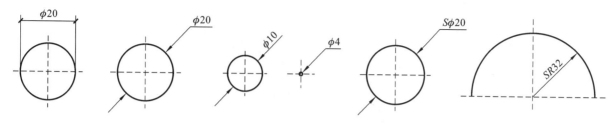

图 2-30　球的尺寸标注

2.4.4　角度、弧长、弦长的尺寸标注

角度：以角的两个边作为尺寸界线，尺寸线画成圆弧，圆心就是该角度的顶点；角度的起止符号以箭头表示，位置较小时，可用圆点代替；角度数字一律按水平方向注写，并在右上角画上角度单位度、分、秒的符号，见图 2-31(a)。

弧长：尺寸线以与该圆弧同心的圆弧线表示，尺寸界线垂直于该圆弧的弦，起止符号以箭头表示，弧长数字的上方加注圆弧符号，见图 2-31(b)。

弦长：尺寸线以平行于该弦的直线表示，尺寸界线垂直于该弦，起止符号以中粗斜短线表示，见图 2-31(c)。

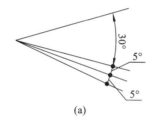
(a)

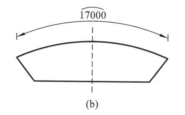
(b)

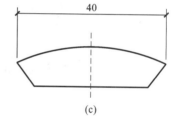
(c)

图 2-31　角度、弧长、弦长的标注

2.4.5　薄板厚度、正方形、坡度、非圆曲线等的尺寸标注

在薄板板面标注板厚尺寸时，应在厚度数字前加注符号"δ"。

如需在正方形的侧面标注该正方形的尺寸，可用"边长×边长"，也可在边长数字前加正方形符号。

在标注坡度时，应加注坡度符号。坡度符号宜用单面箭头表示，上面的数字表示坡度，箭头指向下坡方向。坡度也可用直角三角形形式标注(图 2-32)。

外形为非圆曲线的构件，可用坐标形式标注尺寸，见图 2-33。

复杂的图形，可用网格形式标注尺寸。

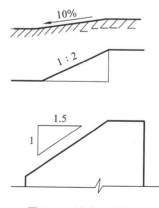

图 2-32　坡度尺寸标注

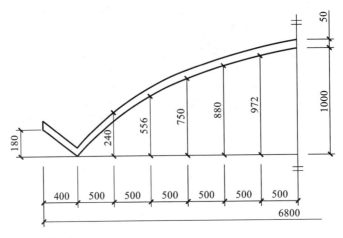

图 2-33 非圆曲线的尺寸标注

2.5
制图步骤及要求

为保证制图质量、提高制图速度,除严格遵守国家制图标准,正确使用制图工具与制图仪器外,还应注意制图的步骤与要求。

2.5.1 做好准备工作

制图前应做好充分的准备工作,以确保制图工作的顺利进行,制图准备工作主要包括以下几点:

(1)收集并认真阅读有关的文件资料,对所绘图样的内容、目的和要求做认真的分析,做到心中有数。

(2)准备好所用的工具和仪器,并将工具、仪器擦拭干净。

(3)将图纸固定在图板的左下方,使图纸的左方和下方留有一个丁字尺的宽度。

2.5.2 画底图

底图应用较硬的铅笔(如 2H、3H 等)绘制,经过综合、取舍,以较淡的色调在图纸上衬托图样的具体形状和位置。画底图应符合下列要求:

(1)根据制图规定先画好图框线和标题栏的外轮廓。

(2)根据所绘图样的大小、比例、数量进行合理的图面布置,如图形有中心线,应先画中心线,并注意给尺寸标注留有足够的位置。

(3)先画图形的主要轮廓线,再由大到小,由整体到局部,直至画出所有轮廓线。为了方便修改,底图应轻而淡,能定出图形的形状和大小即可。

(4)画尺寸界线、尺寸线以及其他符号。

(5)仔细检查底图,擦去多余的底稿图线。

2.5.3 加深图样

加深图样时应用较软的铅笔,如 B、2B 等。文字说明用 HB 铅笔。铅笔加深图样应按下列顺序进行:

(1)先加深图线,按照水平线从上到下、垂直线从左到右的顺序一次完成。如有曲线与直线连接,应先画曲线,再画与其相连的直线。各类线型的加深顺序是中心线、粗实线、虚线、细实线。

(2)加深尺寸界线、尺寸线,画尺寸起止符号,写尺寸数字。

(3)写图名、比例及文字说明。

(4)画标题栏,并填写标题栏内的文字。

(5)加深图框线。

图样加深完后,应达到图面干净、线型分明、图线匀称、布图合理的要求。

2.5.4 描图

描图是指设计人员在白纸(绘图纸)上用铅笔画好设计图,由描图人员在画好的设计图上覆一层硫酸纸,用绘图墨线笔将已画好的设计图样描在硫酸纸上。描图的步骤与加深图样基本相同,如描图中出现错误,应等墨线干了以后,再用刀片刮去需要修改的部分,当修整后必须在原处画线时,应将修整的部位用光滑坚实的东西(如橡皮)压实、磨平,才能重新画线。

2.6
线 条 练 习

2.6.1 基本线型

制图中常用的线型有实线、虚线、点画线和折断线等,它们在线条图中具有不同的作用(见表 2-5)。通常来说,实线表示可见部分,虚线表示不可见部分,粗实线表示强调。

表 2-5 基本线型

名称		线型	线宽	用途
实线	粗	——————	b	1.园林建筑立面图的外轮廓线 2.平面图、剖面图中被剖切的主要建筑构造(包括构配件)的轮廓线 3.园林景观构造详图中被剖切的主要部分的轮廓线 4.构件详图的外轮廓线 5.平、立、剖面图的剖切符号 6.平面图中的水岸线
	中	——————	$0.5b$	1.剖面图中被剖切的次要构件的轮廓线 2.平、立、剖面图中园林建筑构配件的轮廓线 3.构造详图及构配件详图中的一般轮廓线

名称		线型	线宽	用途
实线	细	———————	0.25b	尺寸线、尺寸界线、图例线、索线符号、标高符号、详图材料做法引出线等
虚线	粗	— — — — — —	b	1.新建筑物的不可见轮廓线 2.结构图中的不可见钢筋及螺栓线
	中	- - - - - - - -	0.5b	1.一般不可见轮廓线 2.建筑构造及建筑构配件的不可见轮廓线 3.拟扩建的建筑物轮廓线
	细	- - - - - - - - - - - -	0.25b	1.图例线、小于0.5b的不可见轮廓线 2.结构详图中的不可见钢筋混凝土构件轮廓线 3.总平面图中的原有建筑物和道路、桥涵、围墙等设施的不可见轮廓线
单点长画线	粗	—— · —— · ——	b	结构图中的支撑线
	中	—— · —— · ——	0.5b	土方填挖区的零点线
	细	—— · —— · ——	0.25b	分水线、中心线、对称线、定位轴线
双点长画线	粗	—— ·· —— ·· ——	b	1.总平面图中的用地范围,用红色,也称"红线" 2.预应力钢筋线
	中	—— ·· —— ·· ——	0.5b	见各有关专业制图标准
	细	—— ·· —— ·· ——	0.25b	假想轮廓线成型前的原始轮廓线
折断线		——∿——	0.25b	不需画全的折断界线
波浪线		∿∿∿∿	0.25b	不需画全的断开界线、构造层次的断界线

2.6.2 图线宽度

图线宽度(简称线宽)b宜从下列线宽系列中选取:2.0 mm、1.4 mm、1.0 mm、0.7 mm、0.5 mm、0.35 mm。每个图样应根据复杂程度与比例大小,先选定基本线宽b,再选用表2-6中相应的线宽组。

表2-6 线宽组

线宽比	线宽组 / mm					
b	2.0	1.4	1.0	0.7	0.5	0.35
0.5b	1.0	0.7	0.5	0.35	0.25	0.18
0.25b	0.5	0.35	0.25	0.18	—	—

图框线、标题栏线的宽度如表 2-7 所示。

表 2-7　图框线、标题栏线的宽度　　　　　　　　　　　　　　　　单位：mm

幅面	图框线	标题栏外框线	标题栏分格线、会签栏线
A0、A1	1.4	0.7	0.35
A2、A3、A4、	1.0	0.7	0.35

2.6.3　图线绘制要求

　　(1)同一张图纸内,相同比例的图样应选用相同的线宽组;平行线之间的间隙≥粗线宽度(或 0.7 mm);非实线的线段长度和间隙宜各自相等。

　　(2)直线的相交或相接应该明确、肯定。实线与实线应相交于一点,或略微有点出头。虚线、点画线应相交于线段的中部。

　　(3)两圆或圆弧相接时,可先作长为两圆半径之和的线段,然后分别以该线端点为圆心作圆或圆弧,使相接部分吻合,以免相接部位线条变粗。

　　(4)直线应沿曲线接点处切线方向与曲线相接。制图时应先作曲线,后接直线。直线和曲线的粗细应一致,接点应平滑。

　　(5)所绘图线不应穿过文字、数字和符号,若不能避免时应将线条断开,保证文字、数字和符号的清晰。

2.6.4　徒手线条练习

　　园林设计者必须具备徒手绘制线条的能力。因为园林图中的地形、植物和水体等需要徒手绘制,且在收集素材、探讨构思、推敲方案时也需借助于徒手线条图。

　　绘制徒手线条图的工具很多,用不同的工具所绘制的线条的特征和图面效果虽然有些差别,但都具有线条图的共同特点,见图 2-34。

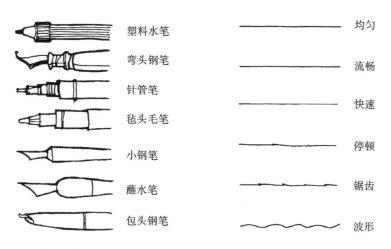

图 2-34　工具与线条

2.6.4.1　徒手线条练习方法

　　学画徒手线条可从简单的直线开始练习。在练习中应注意运笔速度、方向和支撑点以及用笔力量。运笔速度应保持均匀,宜慢不宜快,停顿干脆。用笔力量应适中,保持平稳。基本运笔方向为从左至右、从上至下,且左上方的直线(倾角45°～225°)应尽量按向圆心的方向运笔,相应的右下方的直线的运笔方向正好与其相反。运笔中的支撑点有三种情况:一为以手掌一侧或小指关节与纸面接触的部分作为支撑点,适合于作较短的线条,若线条较长,需分段作,每段之间可断开,以免搭接处变粗;二为以肘关节作为支撑点,靠小臂和手腕运动,并辅以小指关节轻触纸面,可一次作出较长的线条;三为将整个手臂和肘关节腾空或辅以肘关节或小指关节轻触纸面,可作更长的线条。

在画水平线和垂直线时,宜以纸边为基线,画线时视点距图面略放远些,以放宽视面,并随时以基线来校准。若画等距平行线,应先目测出每格的间距。见图2-35(a)。

凡对称图形都应先画对称轴线,如画山墙立面时,先画中轴线,再画山墙矩形,然后在中轴线上点出山墙尖高度,画出坡度线,最后加深各线,见图2-35(b)。

画圆时,可先用笔在纸上顺一定方向轻轻兜圆圈,然后按正确的圆加深。画小圆时,先作十字线,定出半径位置,然后按四点画圆;画大圆时,除十字线外还要加45°线,定出半径位置,作短弧线,然后连各短弧线成圆。见图2-35(c)。

在园林工程图中,因树木、花草、山石、水体等造园要素的外形及质感是活泼、生动、自由变化的,所以徒手绘制线条能更贴切地表达出自然要素的性质。因此,在绘画造园要素时,为了更好地表达其特性,主要运用线描法,通过目测比例徒手描绘出变化的线条来实现。

比如,运用线条粗细、形式上的变化来表示素材的复杂轮廓、空间层次、光影变化、色调深浅等。又如,将线条的轻重、虚实相结合来表示素材的质感和量感。因此,要较好地表现造园素材,绘制出好的园林工程图,除了要掌握仪器绘图的方法外,还必须熟练掌握徒手绘图的方法、技能和技巧。必须通过徒手线条的练习,掌握控制线条运行、轻重、粗细的运笔技巧,达到运笔自如,轻重适度,使线条粗细匀称、灵活多变、自然和富有情感,实现运用线条将园林之自然意境表达于图的目标。

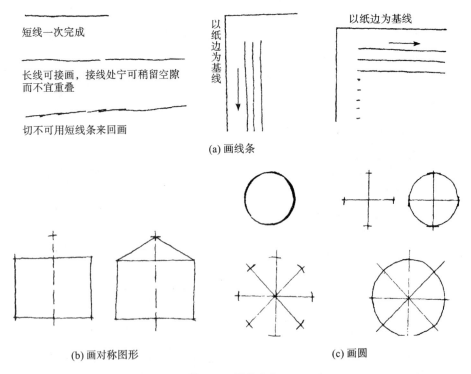

图 2-35　运笔方向

(1)直线条的排列与重叠。

直线条的排列与重叠如图2-36所示。

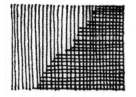 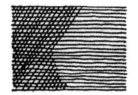 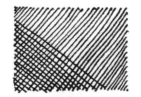 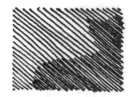

图 2-36　直线条的排列与重叠

（2）直线段的排列与重叠。

直线段的排列与重叠如图 2-37 所示。

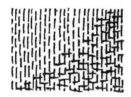 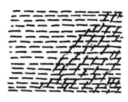 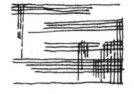 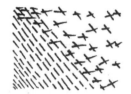

图 2-37　直线段的排列与重叠

（3）曲线条的排列与重叠。

曲线条的排列与重叠如图 2-38 所示。

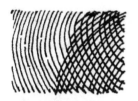 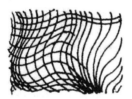 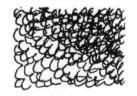 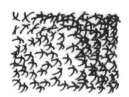

图 2-38　曲线条的排列与重叠

（4）组合线。

组合线如图 2-39 所示。

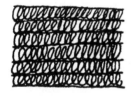 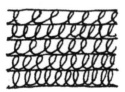 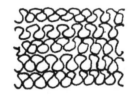 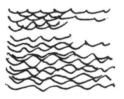

图 2-39　组合线

（5）点、圆圈。

点、圆圈如图 2-40 所示。

 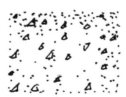 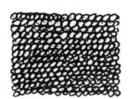 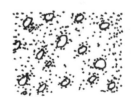

图 2-40　点、圆圈

(6)线段拼接。

线段拼接如图2-41所示。

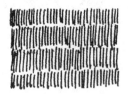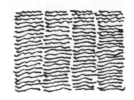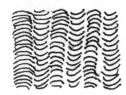

图 2-41 线段拼接

(7)直线、曲线、点、斜线的渐变退晕。

直线、曲线、点、斜线的渐变退晕如图2-42所示。

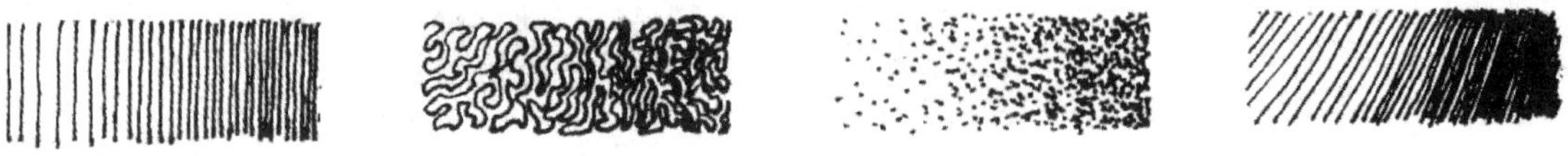

图 2-42 直线、曲线、点、斜线的渐变退晕

(8)直线、曲线、点、斜线的分格渐变退晕。

直线、曲线、点、斜线的分格渐变退晕如图2-43所示。

图 2-43 直线、曲线、点、斜线的分格渐变退晕

2.6.4.2 绘制注意事项及技巧

徒手线条绘制规范如图2-44所示,绘制注意事项及技巧如下。

(1)熟能生巧;

(2)线条粗细一致、长短一致、轻重一致(绘线速度一致,平稳不急躁);

(3)过长的线可断开;

(4)宁可局部小弯,但求整体大直;

(5)平行线条间空隙以目测情况下大致相同为准;

(6)线段的起、结交代清楚;

(7)练习顺序:先短后长,先直后曲,先简单后复杂。

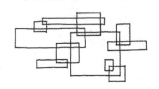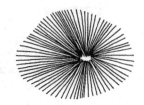

·正确:快速而自信的线条,有清楚的结束,在转角处稍微延长相交,以形成明确的直角。

图 2-44 徒手线条绘制规范

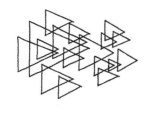
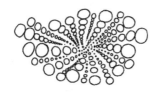
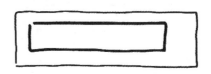

· 错误：慢而颤抖，用力过猛，转角的感觉不够。

· 错误：不明确而潦草的线条，缺乏自信和特色。

续图 2-44

2.6.5　工具线条练习

用尺、规和曲线板等绘图工具绘制的，以线条特征为主的工整图样称为工具线条图。工具线条图的绘制是园林制图中最基本的技能。绘制工具线条图应熟悉和掌握各种制图工具的用法，线条的类型、等级、所代表的意义及线条的交接。

工具线条应粗细均匀、光滑整洁、边缘挺括、交接清楚。作墨线工具线条时只考虑线条的等级变化。作铅笔线工具线条时除了考虑线条的等级变化外，还应考虑铅芯的浓淡，使图面线条对比分明。通常剖断线最粗最浓，形体外轮廓线次之；主要特征的线条较粗较浓，次要内容的线条较细较淡。

2.6.5.1　工具线条练习方法

1. 准备

(1)做好准备工作，将铅笔按照绘制不同线型的要求削好；将圆规的铅芯磨好，并调整好铅芯与针尖的高低，使针尖略长于铅芯；用干净软布把丁字尺、三角板、图板擦干净；将各种制图用具按顺序放在固定位置，洗净双手。

(2)分析要绘制图样的对象，收集有关的参阅资料，做到对所绘制的内容心中有数。

(3)根据所画图样的要求，选定图纸幅面和比例。在选取时，必须遵守国家标准的有关规定。

(4)将大小合适的图纸用胶带（或绘图钉）固定在图板上。固定时，应使丁字尺的工作边与图纸的水平边大致平行。最好使图纸的下边与图板下边保持大于一个丁字尺宽度的距离。

2. 用铅笔绘制底稿

(1)按照图纸幅面的规定绘制图框，并在图纸上按规定位置绘出标题栏。

(2)合理布置图面，综合考虑标注尺寸和文字说明的位置，定出图形的中心线或外框线，避免在一张图纸上出现太空或太挤的现象，使图面匀称美观。

(3)画图形的定位轴线，然后画主要轮廓线，最后画细部。画草图时最好用较硬的铅笔，落笔尽可能轻、细，以便修改。

(4)画尺寸线、尺寸界线和其他符号。

(5)仔细检查，擦去多余线条，完成全图底稿。

3.加深图线、上墨或描图

(1)加深图线。用铅笔加深图线时应选用适当硬度的铅笔,并按下列顺序进行:

①先画上方,后画下方;先画左方,后画右方;先画细线,后画粗线;先画曲线,后画直线;先画水平方向的线段,后画垂直及倾斜方向的线段。

②同类型、同规格、同方向的图线可集中画出。

③画起止符号,填写尺寸数字、标题栏和其他说明。

④仔细核对、检查并修改已完成的图纸。

(2)上墨。上墨是在绘制完成的底稿上用墨线加深图线,步骤与用铅笔加深图线基本一致,一般使用绘图墨水笔。

(3)描图。在工程施工过程中往往需要多份图纸,这些图纸通常采用描图和晒图的方法进行。描图是用透明的描图纸覆盖在铅笔图上用墨线描绘,描图后得到的是底图,再通过晒图就可得到所需份数的复制图样(俗称蓝图)。描图时应注意以下几点:

①将原图用丁字尺校正位置后粘贴在图板上,再将描图纸平整地覆盖在原图上,用胶带纸把两者固定在一起。

②描图时应先描圆或圆弧,从小圆或小弧开始,之后再描直线。

③描图时一定要耐心、细致,切忌急躁和粗心。图板要放平,墨水瓶千万不可放在图板上,以免翻倒弄脏图纸。手和用具一定要保持清洁干净。

④描图时若画错或有墨污,一定要等墨迹干后再修改。修改时可用刀片轻轻地将画错的线或墨污刮掉。刮时底下可垫三角板,力量要轻而均匀。千万不要着急,以免刮破描图纸。刮过的地方要用砂橡皮擦除痕迹,最后用软橡皮擦净并压平后重描。重描时注墨不要太多。

线条的加深与加粗见图2-45。铅笔线宜用较软的铅笔(B~3B)加深或加粗,然后用较硬的铅笔(H~B)将线边修齐。墨线的加粗,可先画边线,再逐笔填实,如图2-46所示。如一笔就画粗线,由于下水过多,容易在起笔处胀大,纸面也容易起皱。

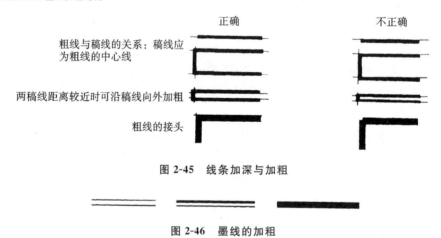

图 2-45　线条加深与加粗

图 2-46　墨线的加粗

2.6.5.2　绘制注意事项及技巧

工具线条绘制注意事项及技巧如下:

(1)先上后下,先左后右,先曲后直,先细后粗。

(2)画的时候准备一点卫生纸,吸笔头的残液,这样可以使整张图干净整洁。

(3)笔速要均匀,力量一致,切忌忽快忽慢,或两头慢、中间快。最好让笔略有一点角度,使笔尖不紧贴尺子,这样不会有墨沁到尺子与纸之间去。

（4）尺子要干净,画好后要把尺子向上拿掉,不可往下拖,否则会把墨水拖下去,从而弄脏图面,在尺子下贴纸胶带或垫纸,都可以防止墨水渗出。画面很大时,所使用的针管笔不要太细。

工具线条练习作业见图2-47。

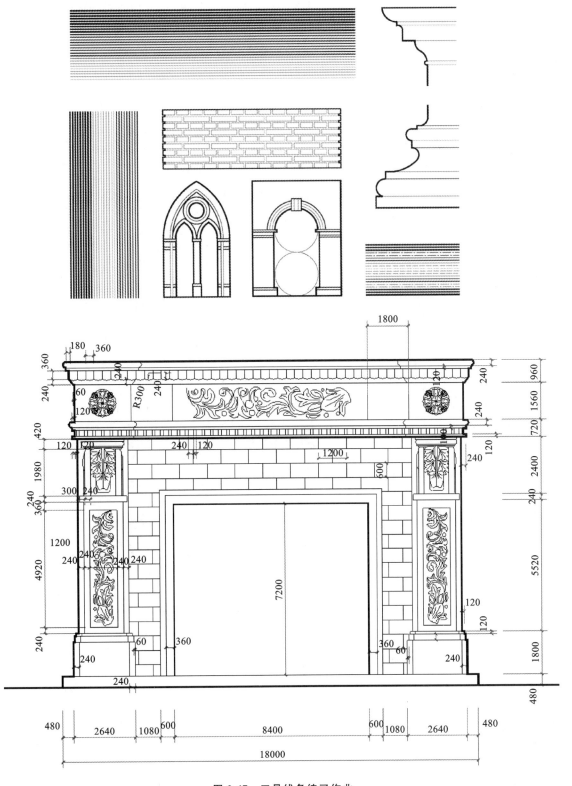

图 2-47　工具线条练习作业

Yuanlin Zhitu

3

投 影 作 图

3.1
投影的原理及概念

3.1.1 投影的原理

把空间形体表示在平面上,是以投影法为基础的。投影法源于日常生活中光的投射成影这个物理现象。

3.1.2 投影的概念

投射线透过物体向选定的面投射,并在该面上获得图形的方法称为投影法。用线条把物体的轮廓勾画出来所得到的图形即为投影。见图3-1。

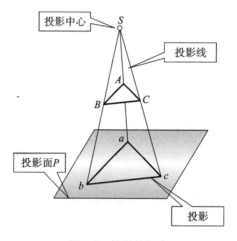

图 3-1　投影的概念

3.2
投影的分类

投影法分为中心投影法和平行投影法,平行投影法又分为正投影法与斜投影法,如图3-2所示。

3.2.1 中心投影

把光源抽象为一点,即投射中心 S,这种投射线汇交于一点的投影方法称为中心投影法。

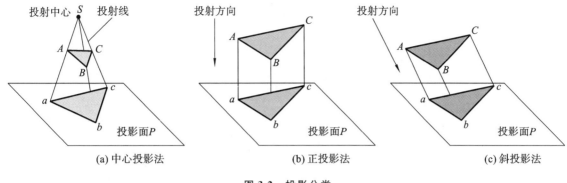

| (a) 中心投影法 | (b) 正投影法 | (c) 斜投影法 |

图 3-2　投影分类

3.2.2　平行投影

将光源移至距投影面无限远处,这时可以认为投射线是相互平行的。投射线相互平行的投影法称为平行投影法。

正投影法:投射线与投影面相倾斜的平行投影法。

斜投影法:投射线垂直于投影面的平行投影法。

平行投影法的投影特性:

(1)类似性。当平面或直线与投影面倾斜时,其投影的面积变小或长度变短,但投影的形状仍与原来的形状类似,这种投影特性称为类似性,如图 3-3 所示。

一般情况下,平面图形的投影都会发生变形,但投影形状总与原形相仿,即平面投影后,其投影形状与原形的边数相同、平行性相同、凸凹性相同,边的直线或曲线性质不变。

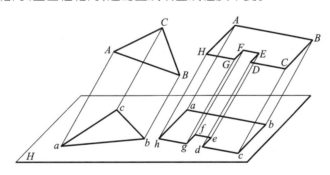

图 3-3　投影的类似性

(2)积聚性。当平面或直线与投影面垂直时,其在投影面上的投影积聚为一条线或一个点,这种投影特性称为积聚性。

当直线平行于投影方向 S 时,直线的投影为点;当平面图形平行于投影方向 S 时,其投影为直线,如图 3-4 所示。

(3)真实性。当平面或直线与投影面平行时,其投影反映实形(或实长),这种投影特性称为真实性。

当线段平行于投影面 H 时,其投影长度反映线段的实长;当平面图形平行于投影面 H 时,其投影与原平面图形全等,如图 3-5 所示。

(4)平行性。两平行直线的投影一般仍平行,如图 3-6 所示。

(5)从属性。若点在直线上,则该点的投影一定在该直线的投影上,即 C 在 AB 上,则 c 在 ab 上,如图 3-7所示。

(6)定比性。一条直线上任意三个点的简单比等于它们的投影之比,即 $AC/BC=ac/bc$,如图 3-8 所示。

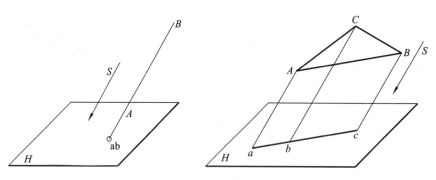

图 3-4　投影的积聚性

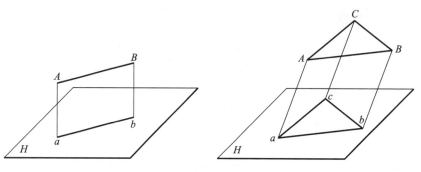

图 3-5　投影的真实性

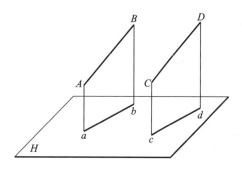

图 3-6　平行线的投影

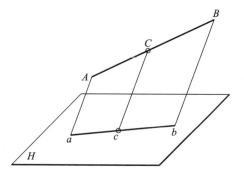

图 3-7　投影的从属性

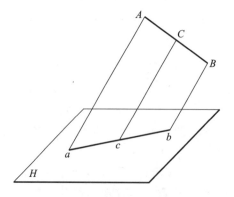

图 3-8　投影的定比性

3.2.3　常用的投影法和投影图

3.2.3.1　多面正投影图

在两个或多个两两互相垂直的投影面上分别作出同一个形体的正投影,然后把投影面连同其上的正投影一起展开到同一平面上,从而得出投影图的方法,叫多面正投影法,如图3-9所示。

特点:容易表达空间物体的形状和大小,度量性好,作图简便,工程上得到广泛使用;但直观性不强,须经过一定的读图训练才能看懂。

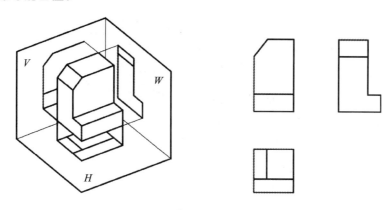

图3-9　多面正投影图

3.2.3.2　轴测投影图

采用平行投影的方法,把空间形体连同确定它的直角坐标系沿不与任意坐标平面平行的方向一起投射到一个投影面上,从而得出其投影的方法,叫轴测投影法,所得投影叫轴测投影图,如图3-10所示。

特点:立体感强,但度量性差,作图复杂,表达不如正投影严谨,常用作辅助图样。

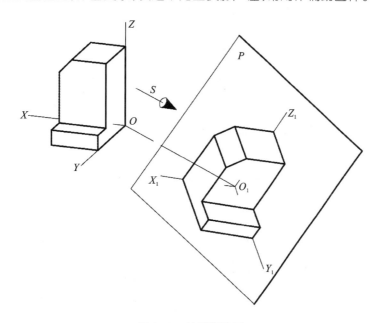

图3-10　轴测投影图

3.2.3.3 透视投影图

透视投影法属于中心投影法,从视点 S 引射线,把形体投射到画面 P 上,得到形体的透视投影图,如图 3-11 所示。透视投影图富有立体感,与人们生活中观察到的效果比较接近,但手工绘制相当费事,在土建工程中常用来表达建筑外貌或内部陈设,有时还加以渲染、配景,得到一幅生动逼真的效果图。

特点:立体感强,作图复杂,度量性差,一般用作工程图的辅助图样。

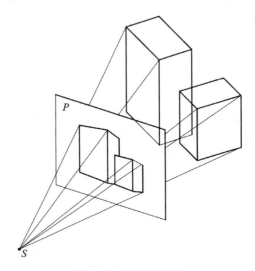

图 3-11 透视投影图

3.2.3.4 标高投影图

标高投影法采用的是平行投影法中的正投影法,它属于单面投影,常用来表示地形。地面是不规则曲面,用一系列等高差的水平面切割地面,得出的交线称为等高线,画出这些等高线在水平面上的投影,并标以高度数字,得到的图称为标高投影图,也叫地形图,如图 3-12 所示。

特点:能在一个投影面上表达不同高度的形状,立体感差。

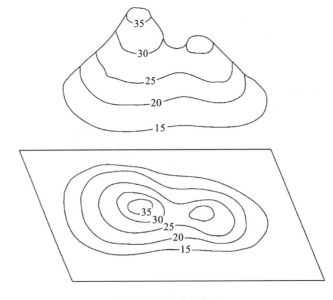

图 3-12 标高投影图

3.3
三面投影及其规律

3.3.1　三面正投影图

三面正投影图是采用正投影法将空间几何元素或几何形体分别投影到相互垂直的三个投影面（三面投影体系）上，并按一定的规律将投影面展开成一个平面，把获得的投影排列在一起，使多个投影互相补充，以便确切地、唯一地反映表达对象的空间位置或形状。这种图又称三视图。

三视图形成过程：通常选用三个垂直相交的投影面——正平面 V、水平面 H 和侧平面 W，建立一个三面投影体系，三个面的交点为原点 O，V 面与 H 面的交线为 X 轴，V 面与 W 面的交线为 Z 轴，H 面与 W 面的交线为 Y 轴，如图 3-13 所示。

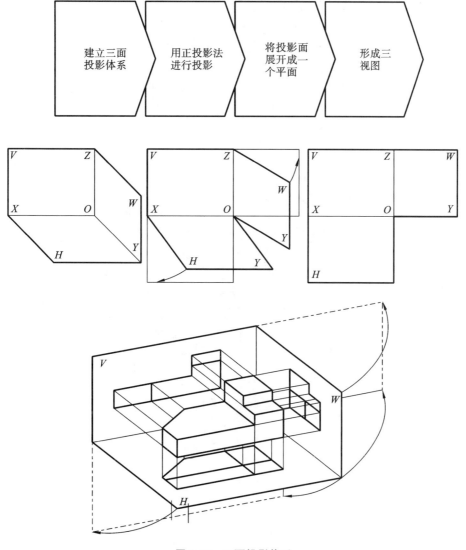

图 3-13　三面投影体系

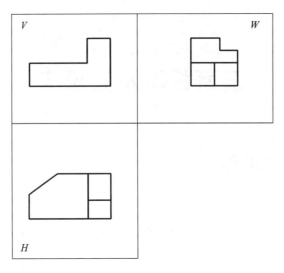

续图 3-13

3.3.2 三面正投影图投影规律

物体的三面投影与物体的关系:在三面正投影图中,左右方向的尺寸称为长,前后方向的尺寸称为宽,上下方向的尺寸称为高。

"三等"关系:正面投影和水平投影具有相同的长度,正面投影和侧面投影具有相同的高度,水平投影和侧面投影具有相同的宽度。主视图与俯视图长对正,主视图与左视图高平齐,俯视图与左视图宽相等。

三面正投影图投影规律如图 3-14 所示。

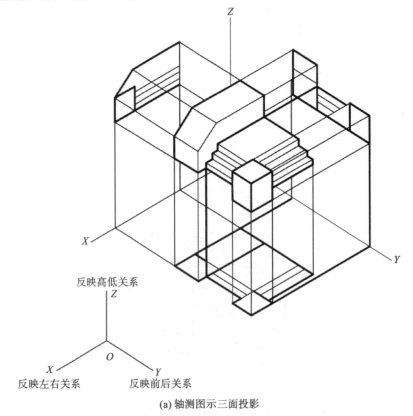

(a) 轴测图示三面投影

图 3-14 三面正投影图的投影规律

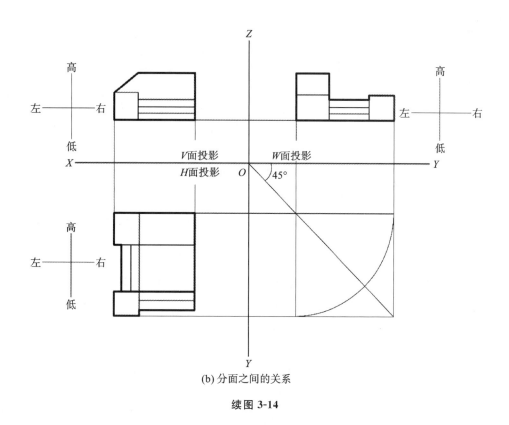

(b) 分面之间的关系

续图 3-14

3.4
点、直线、面的三面投影

3.4.1　点的投影

3.4.1.1　点在三面投影体系中的投影

无论物体具有怎样的特定构形,从几何观点看,它总是由基本的几何元素依据一定的几何关系组合而成的。为了提高对物体视图的分析和表达能力,我们从构成物体表面的最基本要素——点、直线、平面进行研究。首先我们来研究一下点的投影。

将空间点 A 置于三面投影体系中,由 A 分别向 V、H、W 3 个投影面作正投影,即分别过点 A 作 3 个投影面的垂线,与 3 个投影面的交点为 A 点的 3 个投影[图 3-15(a)]。在水平投影面(H 面)上的投影用相应的小写字母标注(a);在正投影面上(V 面)上的投影用相应的小写字母加一撇标注(a');在侧立投影面(W 面)上的投影用相应的小写字母加两撇标注(a'')[图 3-15(b)]。将三面投影展开,即可得点 A 的三视图[图 3-15(c)]。

3.4.1.2　点的三面投影与坐标关系

点的空间位置可以用直角坐标来表示。如图 3-15 所示,将投影面当作坐标面,投影轴当作坐标轴,O 即

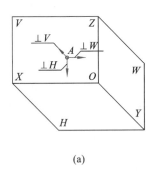
(a)

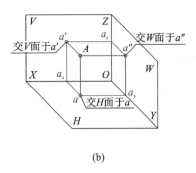
(b)

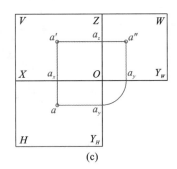
(c)

图 3-15　点的投影

为坐标原点。空间点 A 的坐标就是该点到坐标面(投影面)的距离,也就等于点的投影相应到投影轴的距离。

点的坐标与点的投影有如下关系:

点 A 的 x 坐标 $x_A = aa_y = a'a_z$(即点 A 到 W 面的距离 Aa'');

点 A 的 y 坐标 $y_A = aa_x = a''a_z$(即点 A 到 V 面的距离 Aa');

点 A 的 z 坐标 $z_A = a'a_x = a''a_y$(即点 A 到 H 面的距离 Aa)。

点 A 的三面投影坐标分别是:

H 面投影 $a(aa_y, aa_x)$,反映点 A 的 x、y 坐标值;

V 面投影 $a'(a'a_z, a'a_x)$,反映点 A 的 x、z 坐标值;

W 面投影 $a''(a''a_z, a''a_y)$,反映点 A 的 y、z 坐标值。

所以,点的一个投影由两个坐标值确定;点的任意两个投影反映该点的三个直角坐标值,也就是点的任意两个投影完全确定该点的空间坐标。

3.4.1.3　点的三面投影规律

通过对点的三面投影与坐标关系的分析,可归纳出点的三面投影规律如下。

(1)点的投影的连线垂直于相应的投影轴,即 $aa' \perp OX$,$a'a'' \perp OZ$,$aa_y' \perp OY_H$,$a''a_y \perp OY_W$。

(2)点的投影到各投影轴的距离,分别等于该空间点到相应投影面的距离:

$a'a_x = a''a_y = Aa =$ 点 A 到 H 面的距离;

$aa_x = a''a_z = Aa' =$ 点 A 到 V 面的距离;

$a'a_z = aa_y = Aa'' =$ 点 A 到 W 面的距离。

各种位置的点的坐标、投影特点见表 3-1。

表 3-1　各种位置的点的坐标、投影特点

点的位置	坐标特点	投影特点	实例
空间	三个坐标值都不为 0	投影都不在投影轴	点 $D(x_A, y_A, z_A)$ 中,x_A、y_A、z_A 都不为 0
投影面上	有一个为 0(包含点的坐标系的坐标值不为 0)	点所在投影面中的投影与本身重合,另两个投影在相应的投影轴上	点 $B(x_B, y_B, z_B)$ 中,$y_B = 0$
投影轴上	有两个为 0(包含点的坐标轴对应的坐标值不为 0)	两个投影与其本身重合,另一个投影落于原点上	点 $C(x_C, y_C, z_C)$ 中,$x_C = 0$、$z_C = 0$
原点上	三个坐标值都为 0	三面投影与原点重合	点 $D(x_D, y_D, z_D)$ 中,x_D、y_D、z_D 都为 0

3.4.1.4 点的作图举例

点 A 的坐标按规定写为 $A(x,y,z)$。

点 A 的 x 坐标 $x_A = A$ 点到 W 面的距离 Aa''，点 A 的 y 坐标 $y_A = A$ 点到 V 面的距离 Aa'，点 A 的 z 坐标 $z_A = A$ 点到 H 面的距离 Aa。

已知点 $A(20,10,5)$，点 $B(0,15,10)$，点 $C(5,0,0)$，绘出三点的三面投影，如图 3-16 至图 3-18 所示。

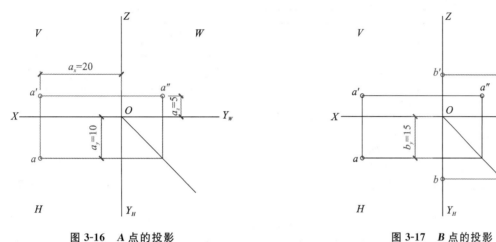

图 3-16 **A** 点的投影   图 3-17 **B** 点的投影

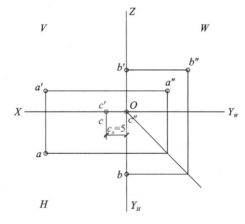

图 3-18 **C** 点的投影

3.4.2 直线的投影

直线是由点的运动轨迹构成的，两点可以确定一条直线。直线在某一投影面的投影是直线上任意两点的同面投影的连线，直线的投影一般情况下仍是直线。作某一直线的投影，只要作出属于直线的任意两点的三面投影，然后将两点的同面投影相连，就得到直线的三面投影。

根据直线对投影面的相对位置的不同，直线分为三类：投影面平行线、投影面垂直线、一般位置直线，见图 3-19。

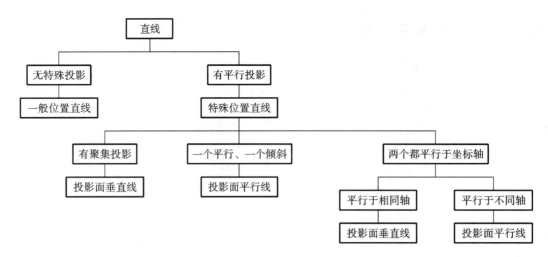

图 3-19　直线类型的判定

3.4.2.1　投影面平行线

平行于一个投影面,倾斜于另外两个投影面的直线,称为投影面平行线。平行于 H 面的直线称为水平线,平行于 V 面的直线称为正平线,平行于 W 面的直线称为侧平线,如表 3-2 所示。

表 3-2　投影面平行线

名称	正平线	水平线	侧平线
直观图			
投影图			
特点	平行于 V 面,对 H、W 面倾斜	平行于 H 面,对 V、W 面倾斜	平行于 W 面,对 H、V 面倾斜

注:投影面平行线在所平行的投影面上的投影反映实际长度,其他两投影平行于相应的投影轴。

3.4.2.2　投影面垂直线

垂直于投影面的直线称为投影面垂直线,垂直于 H 面的直线称为铅垂线,垂直于 V 面的直线称为正垂线,垂直于 W 面的直线称为侧垂线,如表 3-3 所示。

表 3-3　投影面垂直线

名称	正垂线	铅垂线	侧垂线
直观图			
投影图			
特点	垂直于 V 面,平行于 H、W 面	垂直于 H 面,平行于 V、W 面	垂直于 W 面,平行于 H、V 面

注:投影面垂直线在所垂直的投影面上积聚为一点,其他两投影垂直于相应的投影轴,反映实长。

3.4.2.3　一般位置直线

如果直线既不平行也不垂直于任何一个投影面,即对三个投影面都处于倾斜位置,那么这条直线称为一般位置直线。一般位置直线的三个投影都倾斜于投影轴,各投影均不反映其实长,如图 3-20 所示。

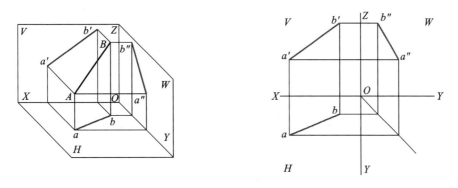

图 3-20　一般位置直线投影

3.4.2.4　直线上点的投影

(1)点的从属性。属于直线的点的投影必在该直线的同面投影上,并且符合点的投影规律。反之,若点的各个投影均属于直线的各同面投影,并且符合点的投影规律,则该点属于此直线。见图 3-21。

（2）点的定比性。线段上的点分割线段之比等于点的投影分割线段投影之比，如图 3-21 所示，即 $AC:CB=ac:cb=a'c':c'b'$。

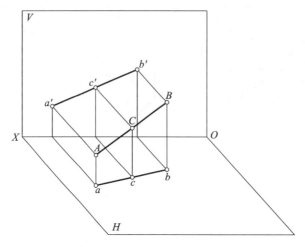

图 3-21　点的从属性与定比性

3.4.3　平面的投影

平面这一概念，一般都是指无限的平面。平面的有限部分一般用平面图形表示。

3.4.3.1　平面的表示法

1.用几何要素表示

不属于同一直线的三点可确定一个平面。所以，平面可由下列既相互联系又可互相转化的任一组几何要素确定，在投影图上也可以用它们的投影来表示平面。

（1）不在同一直线上的三点，见图 3-22(a)；

（2）一条直线和线外一点，见图 3-22(b)；

（3）两相交直线，见图 3-22(c)；

（4）两平行直线，见图 3-22(d)；

（5）任意平面图形（如三角形、圆或其他图形），图 3-22(e)以三角形表示。

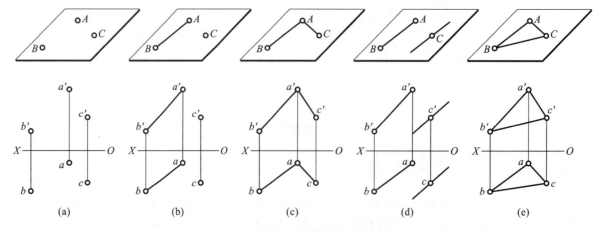

| (a) | (b) | (c) | (d) | (e) |

图 3-22　用几何要素表示平面

2. 用迹线表示

平面与投影面的交线称为该平面的迹线,平面的空间位置可以由其迹线来确定。如图 3-23 所示,平面 P 与 V 面的交线称为正面迹线,用 P_V 表示;与 H 面的交线称为水平迹线,用 P_H 表示;与 W 面的交线称为侧面迹线,用 P_W 表示。一般情况下,相邻两条迹线相交于投影轴上,它们的交点也就是平面与投影轴的交点,分别用 P_X、P_Y、P_Z 来表示。由此,三条迹线中任意两条就可以确定平面的空间位置。

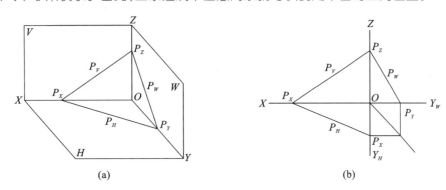

(a)　　　　　　　　(b)

图 3-23　用迹线表示平面

3.4.3.2　各种位置平面的投影

在三面投影体系中,根据平面与三个投影面的相对位置关系,可将平面分为以下三种类型。

1. 一般位置平面

平面与三个投影面都倾斜,其投影特性见表 3-4。

表 3-4　一般位置平面的投影特性

平面名称	直观图	投影图
一般位置平面	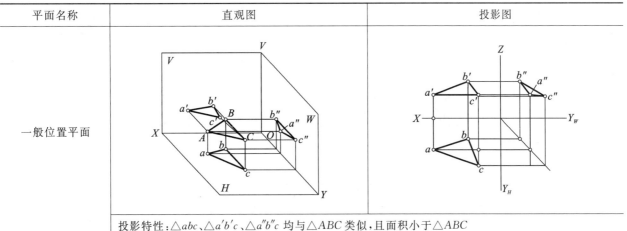	
投影特性:△abc、△a'b'c'、△a″b″c″ 均与 △ABC 类似,且面积小于△ABC			

2. 投影面平行面

平面与某一投影面平行,与其他两个投影面垂直。根据空间平面平行于不同的投影面,投影面平行面可分为三种:

(1)水平面。平行于水平面(H 面)的平面。

(2)正平面。平行于正立面(V 面)的平面。

(3)侧平面。平行于侧立面(W 面)的平面。

投影面平行面的投影特性见表3-5。

表 3-5　投影面平行面的投影特性

平面名称	直观图	投影图
水平面	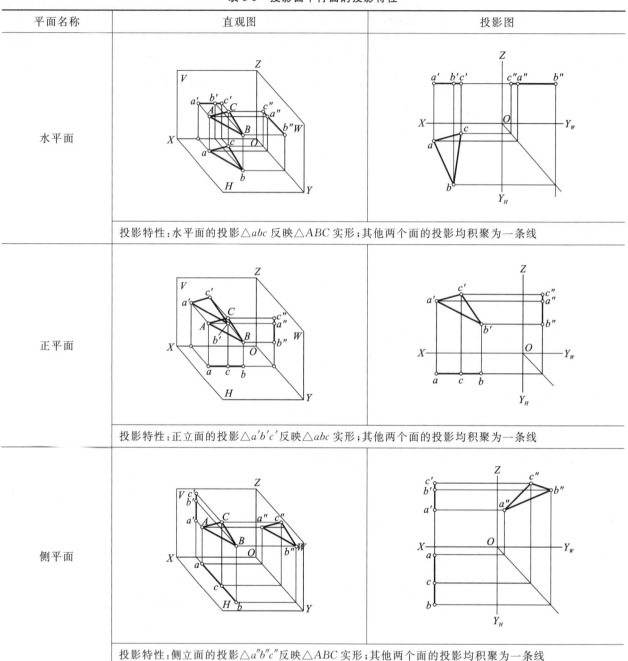	
	投影特性:水平面的投影△abc 反映△ABC 实形;其他两个面的投影均积聚为一条线	
正平面		
	投影特性:正立面的投影△a'b'c'反映△abc 实形;其他两个面的投影均积聚为一条线	
侧平面		
	投影特性:侧立面的投影△a"b"c"反映△ABC 实形;其他两个面的投影均积聚为一条线	

3. 投影面垂直面

平面与某一投影面垂直,与其他两个投影面倾斜。根据空间平面垂直于不同的投影面,投影面垂直面可分为三种:

(1)铅垂面。垂直于水平面(H 面)的平面。

(2)正垂面。垂直于正立面(V 面)的平面。

(3)侧垂面。垂直于侧立面(W 面)的平面。

投影面垂直面的投影特性见表3-6。

表 3-6　投影面垂直面的投影特性

平面名称	直观图	投影图
铅垂面	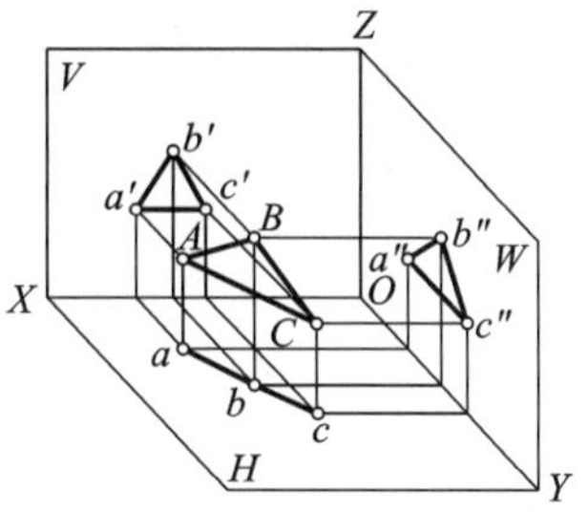	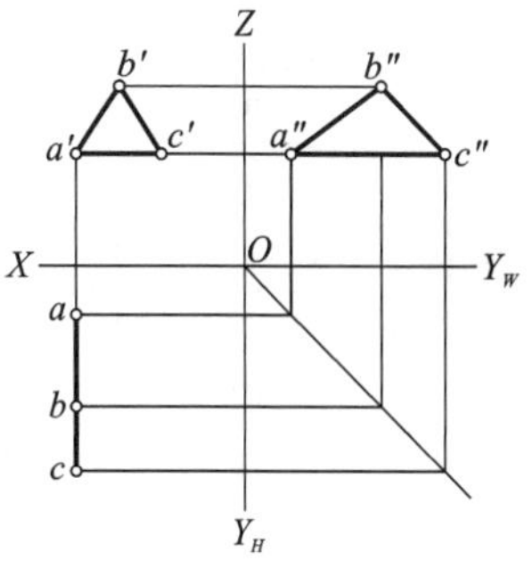
投影特性：水平面的投影积聚为一条倾斜直线；另外两个面的投影均与实形相似，但小于实形		
正垂面	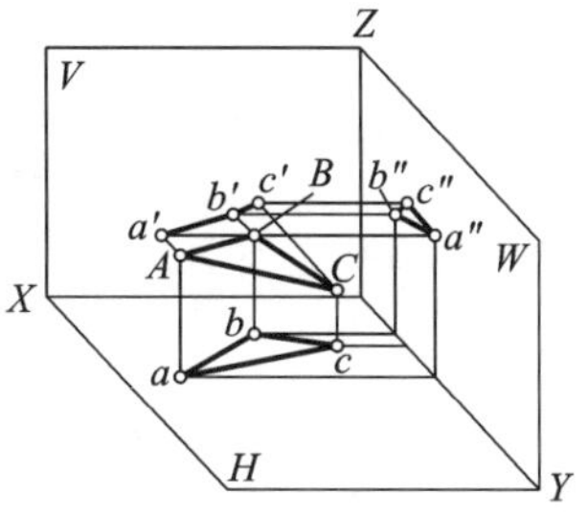	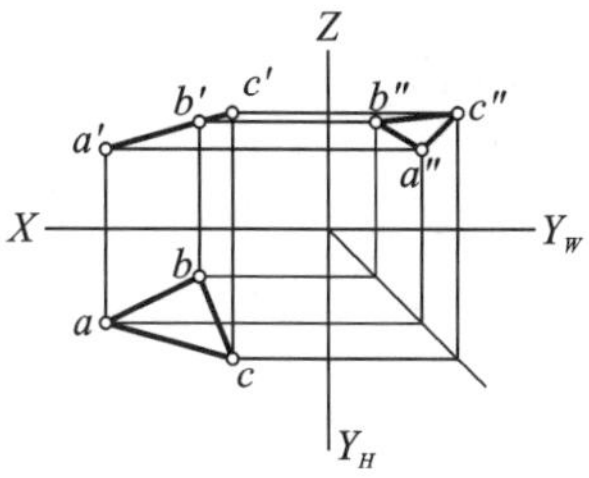
投影特性：正立面的投影积聚为一条倾斜直线；另外两个面的投影均与实形相似，但小于实形		
侧垂面	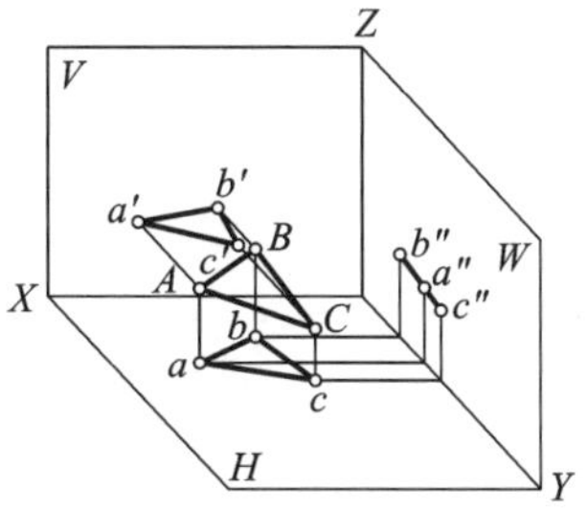	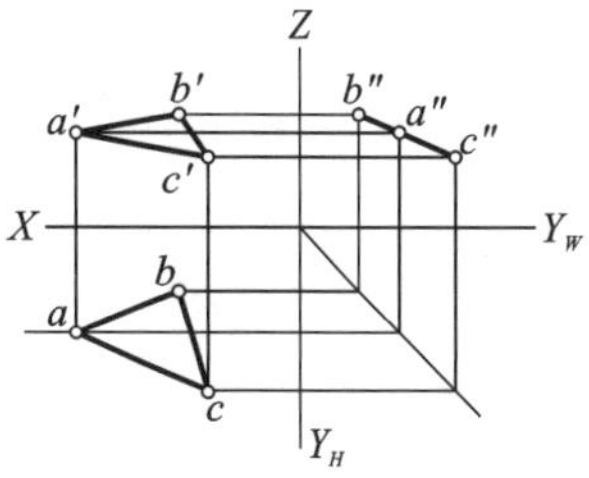
投影特性：侧立面的投影积聚为一条倾斜直线；另外两个面的投影均与实形相似，但小于实形		

3.4.3.3　平面图形的投影画法

平面图形的边和顶点是由一些线段（直线段或曲线段）及其交点组成的。因此，平面图形的投影就是组成平面图形的线段及其顶点的投影。平面图形的投影如图 3-24 所示。

（1）根据给定的各顶点的坐标值，画出平面图形各顶点的投影；

（2）将各顶点的同面投影依次连线，即为平面图形的投影。

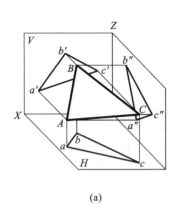
(a)

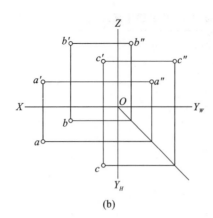
(b)

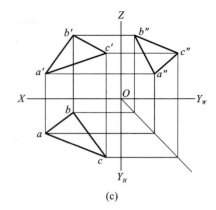
(c)

图 3-24　平面图形的投影

Yuanlin Zhitu

4

立体的投影

4.1
基本几何体投影

根据几何体的表面性质,基本几何体分为两类:平面立体、曲面立体。

4.1.1 平面立体

由若干平面所围成的几何体称为平面立体。平面立体上相邻两面的交线称为棱线。平面立体主要有棱柱和棱锥两种。

由于平面立体的各表面都是平面图形,而平面图形是由直线段围成的,直线段又由其两端点所确定,因此,绘制平面立体的投影,实际上是绘制各平面间的交线和各顶点的投影。

4.1.1.1 棱柱

棱柱一般由上、下底面和棱面组成,分为直棱柱(侧棱与底面垂直)和斜棱柱(侧棱与底面倾斜)。在三面投影体系中,为便于图示,一般放置上、下底面为投影面平行面,其他棱面为投影面平行面或投影面垂直面。然后从"面"出发,先画出各平面有积聚性的投影,再画出它们的其他投影。

棱柱的三面投影特征,一般是一个多边形投影对应两个由若干矩形形成的投影。图 4-1 所示为正六棱柱的三面投影。正六棱柱体的上、下底面(正六边形)为水平面,前、后棱面为正平面,左、右四个棱面均为铅垂面。

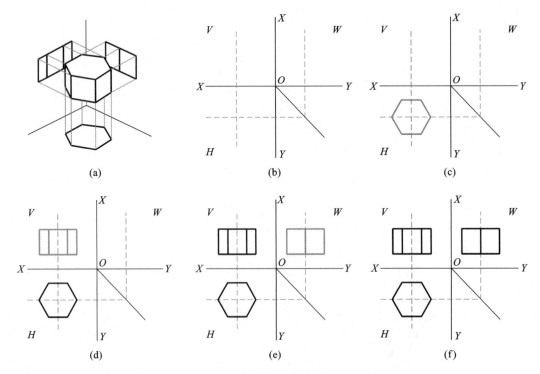

图 4-1 正六棱柱投影

投影分析:

(1)H 面投影:反映上、下底面的实形,为正六边形。组成正六边形的直线段,也就是棱柱的六个棱面的积聚投影。正六边形的六个顶点,也就是六条为铅垂线的棱线的积聚投影。

(2)V 面投影:投影为三个矩形。其中,中间矩形为前、后棱面的重合投影;另两个矩形,左边一个为左侧前、后棱面的重合投影,右边一个为右侧前、后两棱面的重合投影,它们均为相仿图形。而上、下底面的投影积聚为直线段。

(3)W 面投影:投影为两个矩形,分别是左、右四个铅垂棱面的重合投影;而前、后棱面和上、下底面之投影均积聚为直线段。

4.1.1.2 棱锥

棱锥的底面为多边形,各侧面为若干具有公共顶点的三角形。随着底面的形状不同,棱锥的称呼也不相同,例如底面为正方形的棱锥称为方锥,底面为三角形的棱锥称为三棱锥,底面为五边形的棱锥称为五棱锥等。当棱锥的底面是正多边形,各侧面是全等的等腰三角形时,称为正棱锥。

在三面投影体系中,棱锥的棱面可以是投影面垂直面、投影面平行面或者一般位置平面,所有棱线汇交成为一顶点。所以,作图可以从"点"出发,先画出组成平面各顶点的投影,然后用直线把它们连接起来。

图 4-2 所示为正三棱锥的三面投影。正三棱锥的底面(正三角形)为水平面;其他三棱面也是正三角形,且相交于同一顶点,其中一棱面为侧垂面,剩下两棱面为一般位置平面。

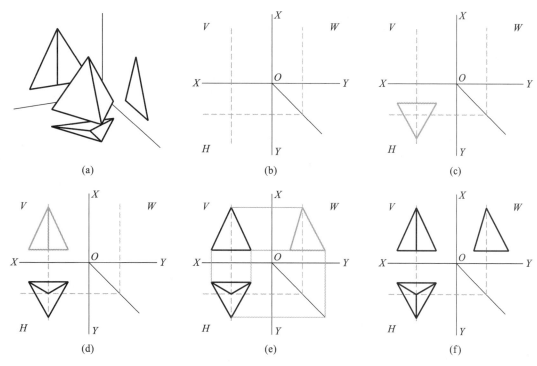

图 4-2 正三棱锥投影

投影分析:

(1)H 面投影:底面投影反映实形,为等边三角形;三个棱面投影均为相仿图形;顶点投影重合于等边三角形的垂心。

(2)V 面投影:底面投影积聚为一直线段;左、右棱面投影均为相仿图形,且与后棱面的投影重合,后棱面的投影也是相仿图形;三棱线投影交于顶点。

(3)W 面投影:底面和后棱面投影分别积聚为一直线段;左、右棱面投影均为相仿图形,且相互重合。

4.1.2　曲面立体

曲面立体是由曲面或曲面和平面所围成的几何体。常见的曲面立体多为回转体,回转体是由一母线(直线或曲线)绕一固定的轴线做旋转运动所形成的。曲面是由直线或曲线在一定约束条件下运动而形成的,产生曲面的动线称为曲面的母线,母线在曲面上的任一位置称为曲面的素线,母线运动时所受的约束称为运动的约束条件,约束母线运动的线或面分别称为导线或导面。由于母线的不同,或者约束条件的不同,形成的曲面也不同。

常见的曲面立体有圆柱、圆锥、圆球、圆环等。在投影图上表示曲面立体,就是将组成曲面立体的各表面表示出来,并判别可见性。因此,画曲面立体的投影图时一般画出曲面的可见部分与不可见部分的分界线,称为投影轮廓线,其画法与回转面的形成条件有关。所以在画图和看图时,应该抓住曲面的形成规律、投影轮廓线与曲面上特定位置的素线或纬圆的投影对应关系。

4.1.2.1　圆柱

圆柱由圆柱面和上、下底面组成。圆柱面是由一条直母线绕着与它平行的轴线旋转而形成的。圆柱面上任意位置的母线称为素线。见图 4-3。

圆柱的三面投影如图 4-4 所示。

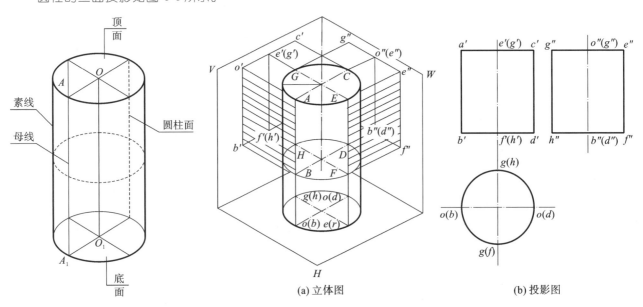

图 4-3　圆柱的形成　　　　图 4-4　圆柱的三面投影

投影分析:

(1)H 面投影。

圆柱的 H 面投影为一个圆。由于圆柱面垂直于 H 面,即圆柱面上的素线均垂直于 H 面,故其 H 面投影积聚为一圆周,具有积聚性。也就是说,圆柱面上的点和线,在与圆柱面垂直的投影面上的投影,都积聚在这圆周上。该圆也是圆柱两底面(侧平面,反映实形)的 H 面投影。

(2)V 面投影。

圆柱的 V 面投影为一个矩形线框。矩形的上、下两边是圆柱的上、下两个底面的积聚投影。圆柱面分为前半部分和后半部分,在 V 面投影中前半部分可见,后半部分不可见。

(3)W 面投影。

圆柱的 W 面投影为一个矩形线框。矩形的上、下两边是圆柱的上、下两个底面的积聚投影。圆柱面分为左半部分和右半部分,在 W 面投影中左半部分可见,右半部分不可见。

4.1.2.2　圆锥

圆锥由圆锥面和与其轴线垂直的底面组成。圆锥面是由一条直母线绕着与它相交的轴线旋转而形成的曲面。圆锥面上任意位置的母线称为素线。见图 4-5。

圆锥的三面投影如图 4-6 所示。

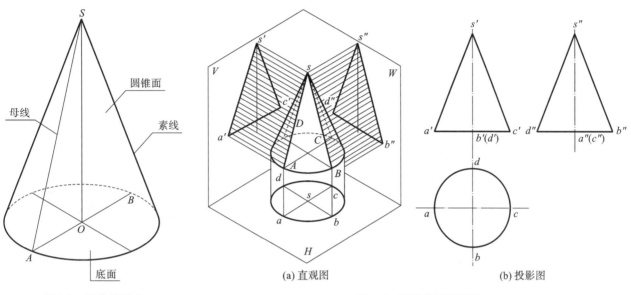

图 4-5　圆锥的形成　　　　　　　　　　图 4-6　圆锥的三面投影

投影分析：

(1)H 面投影。

圆锥的 H 面投影为一个圆，它是可见的圆锥面的水平投影，也是不可见的底圆面的水平投影，反映圆锥底圆面的实形，它们互相重合。这个圆的对称中心线的交点就是锥顶的水平投影。

(2)V 面投影。

圆锥的 V 面投影是等腰三角形，其底边为圆锥底圆面的积聚投影，两腰是圆锥面不同素线的投影。V 面投影是锥面最左、最右素线的投影(反映实长)，它们是圆锥面的前、后两半部分在 V 面投影可见与不可见的分界线。对应的 H 面投影重合在圆的水平中心线上。

(3)W 面投影。

圆锥的 W 面投影也是等腰三角形。W 面投影是锥面最前、最后素线的投影(反映实长)，它们是圆锥面的左、右两半部分在 W 面投影可见与不可见的分界线。对应的 H 面投影重合在圆的竖直中心线上。

4.1.2.3　圆球

圆周曲线绕着它的直径旋转，所得轨迹为球面，该直径为导线，该圆周为母线。球面上任意位置的母线称为球面的素线，球面所围成的立体称为圆球。见图 4-7。

圆球的三面投影如图 4-8 所示。

投影分析：

(1)V 面投影。

V 面上的投影轮廓线 $a'f'c'e'$ 是球面上的正平大圆 $AFCE$ 的投影，这个圆也是可见的前半球面与不可见的后半球面的分界线。它分别与球面 H 面投影的水平的对称中心线和侧面投影的铅垂的对称中心线重合。

(2)H 面投影。

H 面上的投影轮廓线 $abcd$ 是球面上的水平最大圆 $ABCD$ 的投影，这个圆也是可见的上半球面与不可

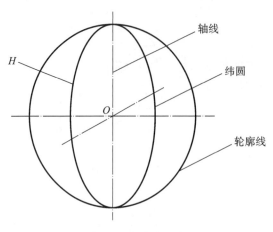

图 4-7　圆球的形成

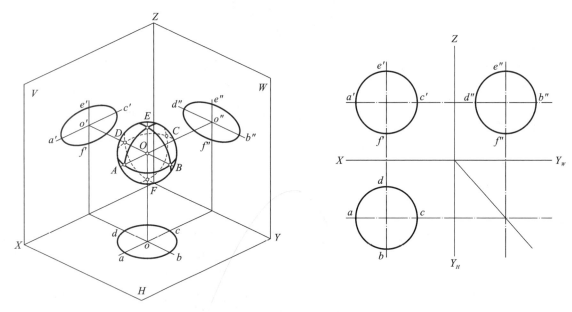

图 4-8　圆球的三面投影

见的下半球面的分界线。它的 V、W 面投影与它们的水平的对称中心线重合。

（3）W 面投影。

W 面上的投影轮廓线 $d''f''b''e''$ 是球面上的侧平最大圆 $DFBE$ 的投影，这个圆也是可见的左半球面与不可见的右半球面的分界线。它的 H、V 面投影都与它们的铅垂的对称中心线重合。

4.2
组合体的投影

4.2.1　组合体的分类

园林建筑和小品等的形体无论多么复杂，都可看作由一些基本形体通过一定的组合方式构造而成。这种由基本形体组合构成的立体称为组合体。

根据组合方式的不同,组合体可分为下面三种类型:

(1)叠加体。由若干基本形体叠加、堆砌构成,即几何体相加,见图 4-9(a)。

(2)切割体。由一个基本形体切掉若干基本形体构成,即几何体相减,见图 4-9(b)。

(3)混合体。同时包含叠加体和切割体的组合体,即几何体既相加又相减,见图 4-9(c)。

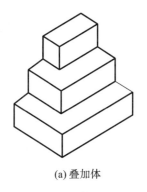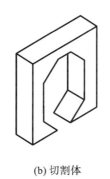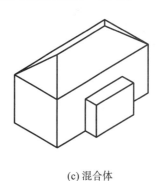

(a) 叠加体　　　　　　　　(b) 切割体　　　　　　　　(c) 混合体

图 4-9　组合体的类型

4.2.2　组合体相邻两表面的组合关系

组成组合体的各基本立体表面之间有不平齐、平齐、相切、相交四种相对位置。立体间的相对位置不同,其表面之间的相对位置也不同,所获得的投影也不一样。所以,在读图时,必须注意立体间的表面组合关系,才能彻底弄清组合体的形状;画图时,也必须注意这些关系,才能使投影作图不多线、不漏线。基本体经过各种不同方式的组合,成为一个新的组合体,其表面会发生各种变化,作图时应充分注意其画法的特点。切割式组合体如图 4-10 所示。

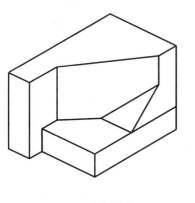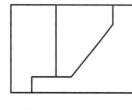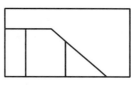

(a) 形体分析　　　　　　　　　　　　(b) 三视图

图 4-10　切割式组合体

4.2.2.1　叠加

叠加是指两基本体的表面互相重合。值得注意的是:当两个叠加的基本体没有公共的表面时,在视图中两个基本体之间有分界线,如图 4-11(a)所示;当两个基本体具有互相连接的一个面(共平面或共曲面)时,它们之间没有分界线,在视图上也不可画出分界线,如图 4-11(b)所示。

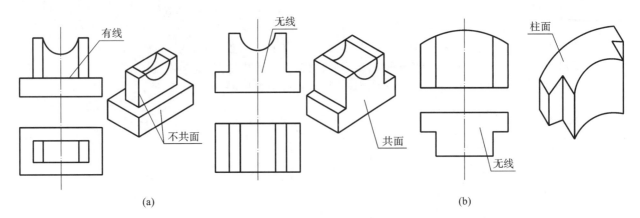

图 4-11　叠加

4.2.2.2　相切

相切是指两个基本体的表面(平面与曲面或曲面与曲面)光滑过渡。如图 4-12 所示,相切处不存在轮廓线,在视图上一般不画轮廓线。

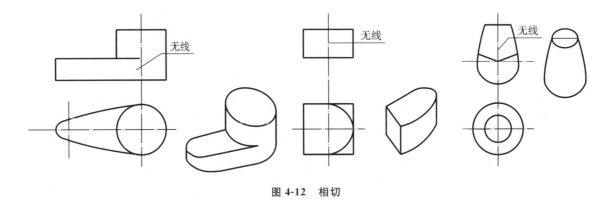

图 4-12　相切

4.2.2.3　相交

两基本体的表面相交时会产生交线(截交线或相贯线),应画出交线的投影,如图 4-13 所示。

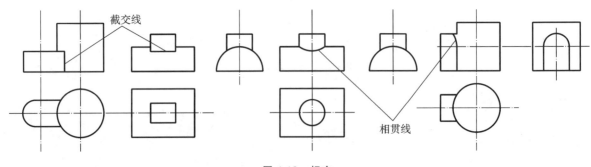

图 4-13　相交

4.3
投影的尺寸标注

投影视图只能反映物体的形状，不能反映其大小及各部分之间的相对位置，因此，必须标注尺寸。尺寸标注应"正确、详尽、清晰"。见图4-14。

（1）正确。所谓正确，是指尺寸标注应符合制图标准的相关规定。最重要的是尺寸数字要与物体的实际尺寸相吻合，数字错误会给园林工程带来巨大的甚至是不可挽回的损失，每个设计人员都要认真、负责、仔细地标注尺寸。

（2）详尽。图中每个点都能定位，所有线段均有定位尺寸，并尽量避免重复标注。为了达到详尽的尺寸标注，园林设计图中一般有三道尺寸线，分别标注定形尺寸、定位尺寸、总体尺寸。

①定形尺寸。确定构成组合体的各基本形体的形状和大小的尺寸叫定形尺寸。要在形体分析的基础上，分别标注各部分的定形尺寸。如图4-15中底板的长为50 mm、宽为30 mm、高为10 mm。

②定位尺寸。确定构成组合体的各基本形体（或孔洞）相对位置的尺寸叫定位尺寸，标注定位尺寸时，要选定长、宽、高3个方向的定位基准，物体的端面、轴线和对称面均可作为定位基准。如图4-15中竖板距离底板前后边缘的尺寸均为10 mm，竖板中的圆孔中心距竖板右边缘15 mm。

③总体尺寸。整个组合体的总长、总宽和总高尺寸叫总体尺寸。如图4-15中组合体的长为50 mm、宽为30 mm、高为40 mm。

（3）清晰。为读图方便，所注尺寸应排列整齐、便于查找。标注尺寸时应注意以下问题：

①尺寸应尽量标注在反映形体形状特征的视图上，而且要靠近被注线段，表示同一结构或形体的尺寸应尽量集中在同一视图上。

②与两视图有关的尺寸，应尽量标注在两视图之间。

③尽量避免在虚线上标注尺寸。

④尺寸线尽可能排列整齐。A2以上图幅，第一道尺寸线（最近物体的尺寸线）的尺寸界线起点距离物体2 cm，每道尺寸线间距离0.8 cm。

⑤同一图上的尺寸单位应一致。

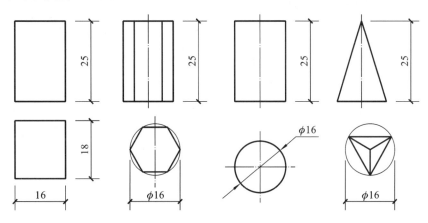

图4-14　几何体的尺寸标注

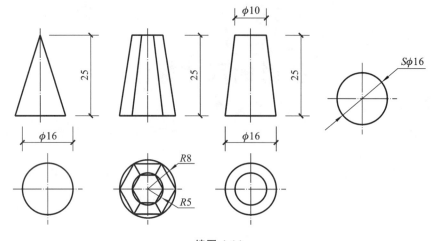

续图 4-14

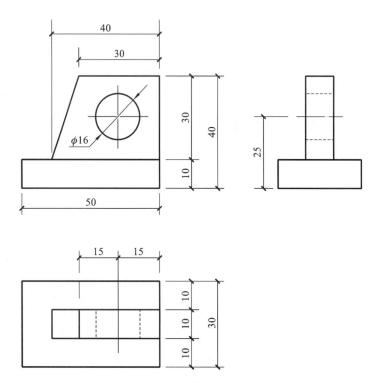

图 4-15　组合体的尺寸标注

Yuanlin Zhitu

5

建 筑 制 图

根据《风景园林基本术语标准》(CJJ/T91—2017),园林建筑(garden structure)是指园林中供人游览、观赏、休憩并构成景观的建筑物或构筑物的统称。中国传统园林建筑具有独特的风格,从建筑的形式上来分,常见的园林建筑有厅、堂、楼、阁、轩、馆、斋、室、亭、廊、榭、舫、牌楼、塔、台等。图5-1为拙政园中的香洲,采用的是舫式结构。

图 5-1　拙政园中的香洲

5.1
园林建筑平面图

建筑平面图作为建筑设计、施工图纸中的重要组成部分,反映建筑物的功能需要、平面布局及其平面的构成关系,是决定建筑立面及内部结构的关键环节。其主要反映建筑物的平面形状、大小、内部布局、地面、门窗的具体位置和占地面积等情况。所以说,建筑平面图是新建建筑物的施工及施工现场布置的重要依据,也是设计及规划给排水、强弱电、暖通设备等专业工程平面图和绘制管线综合图的依据。

5.1.1　园林建筑平面图的分类

按照园林建筑平面图反映的内容,一般将其分为以下几类。

(1)总平面图。总平面图所表达的是建筑物与周围环境的关系,通常会为建筑物加上阴影,以表现建筑物的高度和各体量之间的关系。从某种角度讲,总平面图很像一个建筑物及其周边环境的卫星航拍图。

总平面图中新建建筑物的外轮廓线、新建地下建筑物的外轮廓线(虚线)、用地红线(双点画线)需画成粗线;总平面图中新建道路、构筑物的轮廓线,计划扩建的建筑物、构筑物、道路及其用地范围红线(虚线)画成中线;原有的建筑物、构筑物、道路、地形线,原有的地下建筑物轮廓线(虚线)画成细线。

总平面图包含的内容:

①图例与名称;

②建筑总平面图比例,常用比例为 1∶500、1∶1000;

③基地范围内的总体布局;

④新建房屋和拟建房屋的定位尺寸或坐标;

⑤标高;

⑥指北针或风向玫瑰图。

指北针是图纸上标识的方向,针尖指向是北向,表示图纸上建筑物相对于北向的坐向(见图5-2)。

图 5-2　指北针

风向玫瑰图表示风向的频率。风向频率是在一定时间内各种风向出现的次数占所有观察次数的百分比。

根据各方向风的出现频率,以相应的比例长度按风向中心吹,然后将各相邻方向的端点用直线连接起来,绘成一个形式宛如玫瑰的闭合折线,就是风向玫瑰图,如图5-3所示。

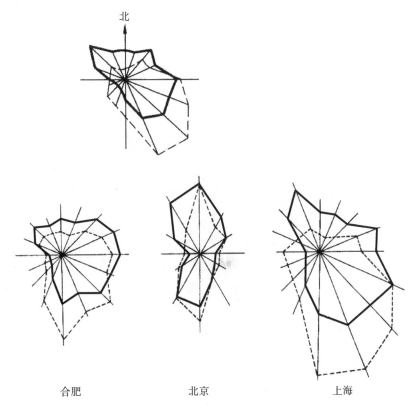

合肥　　　　　　　　北京　　　　　　　　上海

图 5-3　风向玫瑰图

某医院总平面图如图 5-4 所示,某博物馆总平面图如图 5-5 所示。

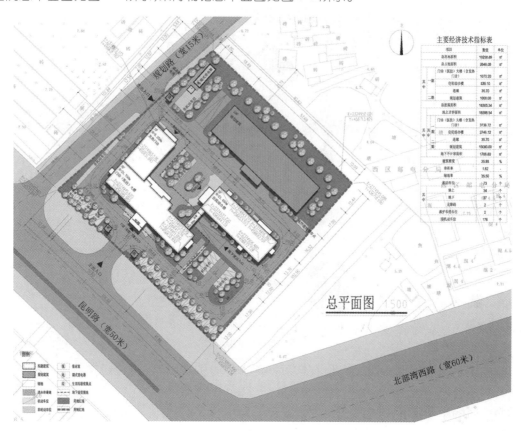

图 5-4　某医院总平面图

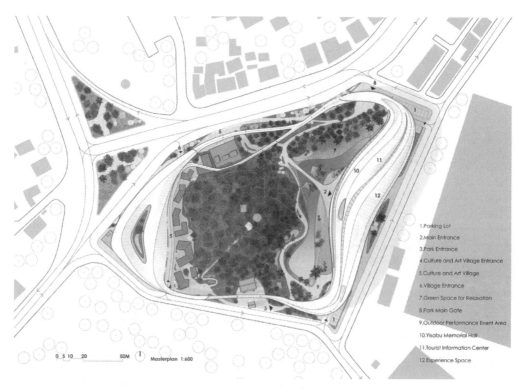

1.Parking Lot
2.Main Entrance
3.Park Entrance
4.Culture and Art Village Entrance
5.Culture and Art Village
6.Village Entrance
7.Green Space for Relaxation
8.Park Main Gate
9.Outdoor Performance Event Area
10.Yisabu Memorial Hall
11.Tourist Information Center
12.Experience Space

图 5-5　某博物馆总平面图

（2）首层平面图。首层平面图是所有建筑平面图中首先绘制的一张图。这张平面图除了反映其他平面图所要表达的房间分隔和大小、门窗位置等信息之外，还表现建筑与基地环境关系的细节，如入口广场的铺地、基地内的景观设计、地下停车场出入口的位置和大小等（图5-6）。

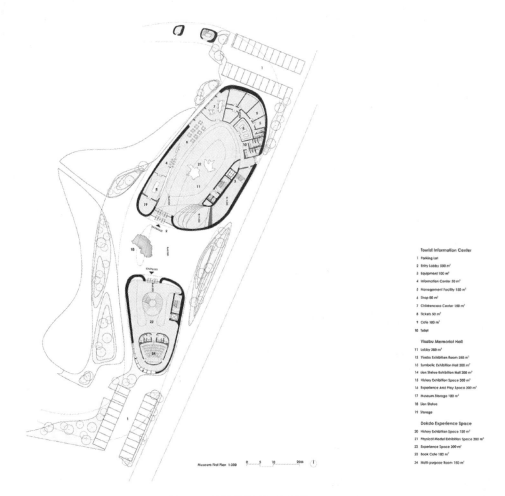

图 5-6　某博物馆首层平面图

（3）中间层/标准层平面图。由于房屋内部平面布置的差异，对于多层建筑而言，每层都应该绘制相应的平面图，其名称就用本身的层数来命名，例如"二层平面图"或"四层平面图"等（见图5-7）。但在实际的建筑设计过程中，多层或高层建筑往往存在许多平面布置形式相同或相近的楼层，因此在实际绘图时，可将这些平面布置相同或相近的楼层合用一张平面图来表示。这张合用的图就叫作"标准层平面图"，有时也可以用其对应的楼层命名，例如"二至六层平面图"等。

（4）顶层平面图。顶层平面图指房屋最高层的平面布置图，也可用相应的楼层数命名（见图5-8）。

（5）其他平面图。除了上面所讲的平面图外，建筑平面图还应包括屋顶平面图（明确表现出屋顶造型变化的正投影图）和局部平面图。

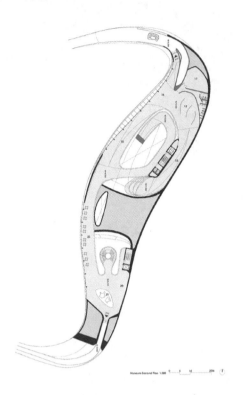

图 5-7　某博物馆二层平面图

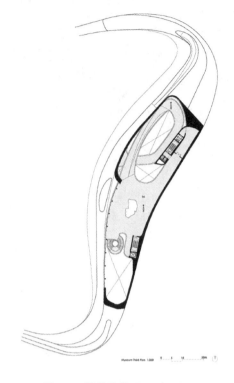

图 5-8　某博物馆顶层平面图

5.1.2　园林建筑平面图的生成

建筑平面图是一幢建筑的水平剖面图,即在距离地面(楼面)1.1 m 高处(窗台以上)假想一个水平面,将建筑物剖切后,剖切面在水平面上的正投影。建筑平面图的生成见图 5-9。

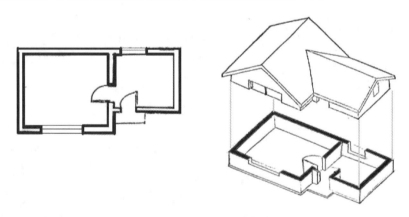

图 5-9　建筑平面图的生成

5.1.3　园林建筑平面图的表达内容

园林建筑平面图反映建筑物的平面形状、大小和布置,墙、柱的位置、尺寸和材料,门窗的类型和位置等。具体说来,主要有以下方面:

(1)建筑物及其组成房间的划分、名称、尺寸、定位轴线的位置和墙壁位置、厚度等。

(2)走廊、楼梯、电梯等交通空间的位置及尺寸。

(3)门窗位置、尺寸及编号。门的代号是 M,窗的代号是 C,在代号后面写上编号,同一编号表示同一类型的门窗,如 M-1、M-2、C-1 等。

(4)室外台阶、阳台、雨篷、散水的位置及细部尺寸。

(5)室内地面的高度。

(6)首层地面上应画出剖面图的剖切位置线,以便与剖面图对照查阅。

对于平面图来讲,房间的划分,墙的位置、厚薄,门窗开口的位置及宽窄等必须首先确定下来。但是平面图仅有这些要素不仅显得空旷、单薄,而且不能反映各房间的功能特点及相互之间的功能联系。只有把家具陈设也一并表现出来,才能让人对建筑有清晰、明确的印象。

此外,家具陈设也会带来尺度感,观看者可以借助平时熟悉的家具来推测各个房间的尺寸。

5.1.4　园林建筑平面图的绘制步骤

建筑平面图是建筑图的核心,其绘制步骤如下:

(1)先作墙体的中心稿线,见图 5-10(a)。

(2)以稿线为基础作墙的内外侧线,见图 5-10(b)。

(3)定出门窗和台阶的位置,见图 5-10(c)。

(4)加深、加粗墙体的剖断线,见图 5-10(d)。

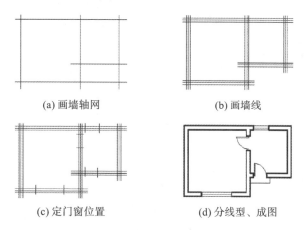

(a) 画墙轴网　　　　　　　　　(b) 画墙线

(c) 定门窗位置　　　　　　　　(d) 分线型、成图

图 5-10　建筑平面图的绘制步骤

5.2
园林建筑立面图

5.2.1　园林建筑立面图的概念

为了反映建筑立面的形状,把建筑物向着与各墙平行的投影面进行投射,所得到的图形称为建筑立面图。通常把反映建筑物的主要入口或主要外貌特征的立面图作为正立面图,相应地可以定出背立面图和侧立面图等。园林建筑立面图主要用于表现园林建筑的外部形状、高度、立面装修和材料等。

建筑立面图的命名方式如下。

(1)按建筑主入口命名:正立面图、背立面图、左侧立面图、右侧立面图。

(2)按方位命名:东立面图、南立面图、西立面图、北立面图。

(3)利用轴线命名:⑨—①立面图、A—J立面图等。

某建筑立面图如图5-11所示。

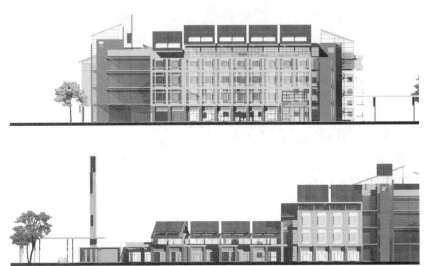

图5-11 某建筑立面图

5.2.2 园林建筑立面图的生成

建筑的三面投影图如图5-12所示。

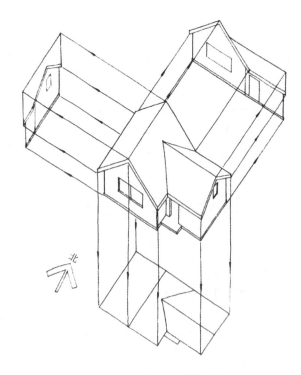

图5-12 建筑的三面投影图

　　园林建筑的立面图,就是一栋园林建筑的正立投影图与侧立投影图,通常按建筑物各个立面的朝向,将几个投影图分别叫作东立面图、西立面图、南立面图、北立面图等(见图 5-13)。

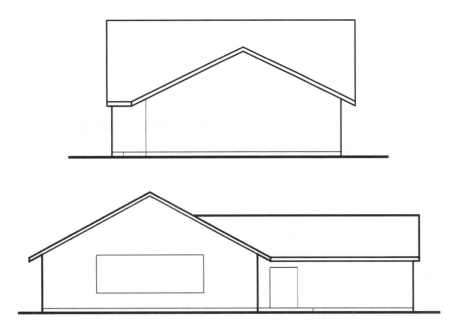

图 5-13　建筑物的东立面图和南立面图

5.2.3　园林建筑立面图的表达内容

(1)建筑物外立面的形状;

(2)门窗在外立面上的分布、外形、开启方向;

(3)屋顶、阳台、台阶、雨篷、窗台、勒脚、雨水管的外形和位置;

(4)外墙面装修做法;

(5)室内外地坪、窗台窗顶、阳台面、雨篷底、檐口等各部位的相对标高及详图索引符号等。

5.2.4　园林建筑立面图的绘制步骤

　　园林建筑立面图的绘制步骤如图 5-14 所示。

(1)画出室外地坪线。

(2)从平面图对应引线,确定建筑墙体的外侧线、门、窗等的范围。

(3)确定屋顶、台阶、窗台、阳台等各自的高度。

(4)标注图名、比例等。

(5)完成全图。

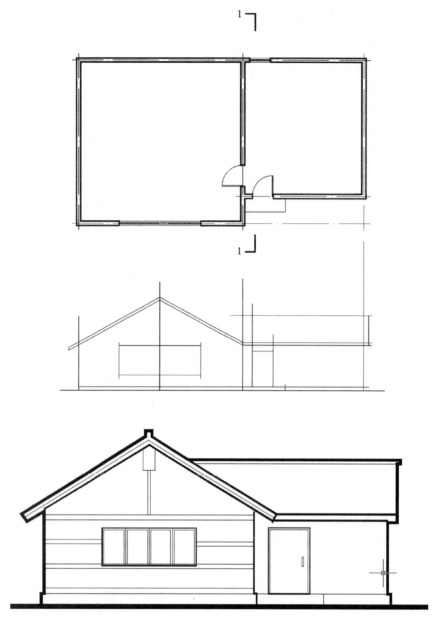

图 5-14　园林建筑立面图的绘制步骤

5.3
园林建筑剖面图

5.3.1　园林建筑剖面图的概念

假想用一平面把建筑物沿垂直方向切开,切面后的部分的正立投影图就叫作剖面图(见图 5-15)。因剖切位置的不同,园林建筑剖面图又分为横剖面图、纵剖面图。

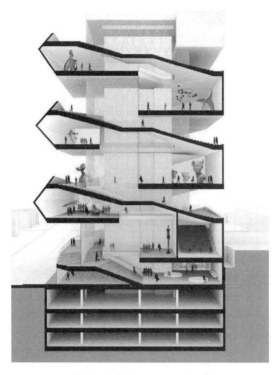

图 5-15　某建筑的剖面图

5.3.2　园林建筑剖面图的生成

剖面图的数量是根据建筑物的具体情况和施工实际需要而决定的,其位置应选择在能反映出建筑物内部构造比较复杂与典型的部位,并应通过门窗洞口的位置。若为多层建筑物,应选择在楼梯间或层高不同、层数不同的部位。剖面图的图名应与平面图中标注的剖切符号的编号一致。在建筑物十分复杂,一个简单的剖面无法表达清楚时,要对剖切面进行转折。

建筑剖面图的生成如图 5-16 所示,其剖视方向如图 5-17 所示。

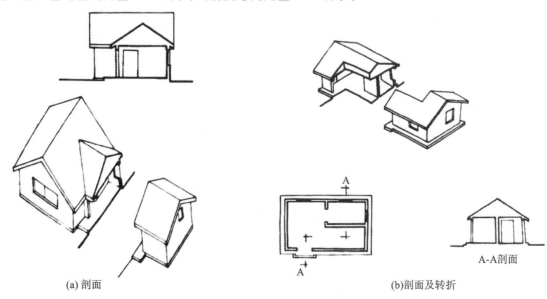

(a) 剖面　　　　　　　　　　　　　　　　(b)剖面及转折

A-A剖面

图 5-16　建筑剖面图的生成

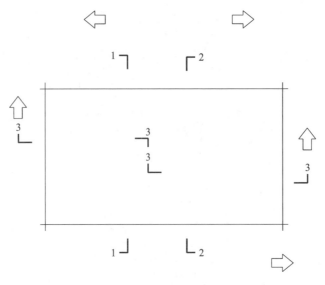

图 5-17　建筑剖面图的剖视方向

5.3.3　园林建筑剖面图的表达内容

园林建筑剖面图主要用于表达建筑物内部的构造、分层情况、各部分之间的联系及高度等,包括如下内容。

（1）墙、柱及其定位轴线位置。

（2）室内底层地面、各层楼面、顶棚、屋顶（包括檐口、女儿墙、隔热层或保温层、天窗、烟囱、水池等）、门、窗、楼梯、阳台、雨篷、墙裙、踢脚板、防潮层、室外地面、散水、排水沟及其他装修等剖切到或能见到的内容。

（3）室内外地面、各层楼面与楼梯平台、檐口或女儿墙顶面、高出屋面的水池顶面、烟囱顶面、楼梯间顶面、电梯间顶面等处的标高。

（4）门、窗洞口（包括洞口上部和窗台）的高度,层间高度及总高度（室外地面至檐口或女儿墙顶）。

（5）建筑内部的隔断、搁板、平台、墙裙及室内门、窗等的高度。

（6）表示楼、地面各层构造,一般可用引出线说明。引出线指向所说明的部位,并按其构造的层次顺序,逐层加以文字说明;若另画有详图或已有"构造说明一览表"时,在剖面图中可用索引符号引出说明（如果是后者,可不做任何标注）。

（7）表示需画详图之处的索引符号。

5.3.4　园林建筑剖面图的绘制步骤

建筑剖面图的绘制步骤如图 5-18 所示。

（1）画出图形控制线,如地坪线、楼面线、屋面线和定值轴线。

（2）画出内外墙身、楼板层、地面层、屋面层、各种梁、女儿墙及压顶（或挑檐）的构造高度。

（3）画出门窗和楼梯的位置及其他细部结构,如门窗、雨篷、檐口、台阶、楼梯、楼梯平台和阳台等的位置、形状及图例;并画出其他未剖切到的可见部分的投影轮廓线,如墙面凹凸,门、窗、踢脚、梁、柱、台阶、阳台、雨篷、水斗、雨水管以及有关装饰等的形状和位置。一般不画出地面以下的基础部分,而在基础墙部位用折断线断开。

（4）检查底图,加深图线,画出材料图例。

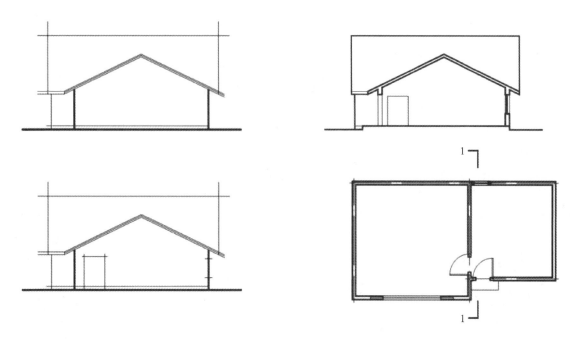

图 5-18　建筑剖面图的绘制步骤

　　经检查底图无误后,按照国家标准规定的线型加深图线。剖面图中的截断面轮廓线采用粗实线表示,未被剖切到的可见部分轮廓线采用中实线表示,室内外的地坪线采用特粗实线表示。

　　(5)注写尺寸、标高、图名、比例和文字说明。

　　从以上介绍可以看出,平面图、立面图、剖面图之间既有区别,又有紧密联系。平面图可以说明建筑物各部分在水平方向的尺寸和位置,却无法表明它们的高度,立面图能说明建筑物外形的长、宽、高尺寸,却无法表明它的内部关系,剖面图则能说明建筑物内部垂直方向的布置情况。因此,只有通过平面图、立面图、剖面图三种图的互相配合,才能完整地说明建筑物从内到外、从水平到垂直的全貌。

5.4
园林建筑大样图

5.4.1　园林建筑大样图的概念

　　用以清楚表达园林建筑细部(或节点)的构造和构配件的位置的图称为园林建筑大样图。由于平、立、剖面图的比例较小,许多细部表达不清楚,必须用大比例尺绘制局部详图或构件图。详图或构件图也是运用正投影原理绘制的,表示方法根据建筑细部的特点有所不同。

5.4.2　园林建筑大样图的内容

　　(1)表达出构配件的详细构造,所用的各种材料及其规格,各部分的连接方法和相对位置关系。

　　(2)各细部的详细尺寸、标高及有关施工要求和做法的说明。

　　注意:用能清晰表达所绘节点或构配件的较大比例绘制。

5.5
园林建筑施工图

5.5.1 园林建筑施工图的有关规定

为了保证图纸质量、提高绘图效率和便于阅读,我国住房和城乡建设部制定了《房屋建筑制图统一标准》(GB/T 50001—2017)。阅读或绘制施工图应熟悉有关的表示方法和规定,这里选择几项主要的规定和常用的表示方法予以说明。

5.5.1.1 图线

园林建筑施工图图线如表 5-1 所示。

表 5-1 园林建筑施工图图线

名称	线型	线宽	用途
粗实线		b	1.平、剖面图中被剖切的主要建筑构造的轮廓线 2.建筑立面图的外轮廓线 3.建筑剖面图中被剖切的主要部分的轮廓线 4.平、立、剖面图的剖切符号
中实线		$0.5b$	1.平、剖面图中被剖切的次要建筑构造(包括构配件)的轮廓线 2.建筑平、立、剖面图中建筑构配件的轮廓线 3.建筑构造详图及建筑构配件详图中的一般轮廓线
细实线		$0.25b$	尺寸线、尺寸界限、索引符号、标高符号、详图做法引出线
中虚线	- - - - - -	$0.5b$	1.建筑构造详图及建筑构配件不可见的轮廓线 2.平面图中的起重机(吊车)轮廓线 3.拟扩建的建筑物轮廓线
细虚线	- - - - - -	$0.25b$	图例线、小于 $0.5b$ 的不可见轮廓线
细点画线	—·—·—·—	$0.25b$	中心线、对称线、定位轴线
折断线	—〜⌇〜—	$0.25b$	不需画全的断开界线

5.5.1.2 定位轴线

定位轴线是施工中借以定位、放线的重要依据。凡承重墙、柱子、大梁或屋架等主要承重构件应画出定位轴线以确定其位置,并在轴线端部的圆圈内注写编号。

　　定位轴线应用0.25b线宽的单点长画线绘制。

　　定位轴线应编号,编号应注写在轴线端部的圆内。圆应用0.25b线宽的实线绘制,直径宜为8～10 mm。定位轴线圆的圆心应在定位轴线的延长线上或延长线的折线上。

　　除较复杂需采用分区编号或圆形、折线形外,平面图上定位轴线的编号,宜标注在图样的下方及左侧,或在图样的四面标注。横向编号应用阿拉伯数字,从左至右顺序编号;竖向编号应用大写英文字母,从下至上顺序编写(图5-19)。

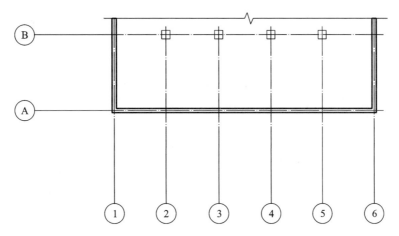

图5-19　定位轴线的编号顺序

　　英文字母作为轴线号时,应全部采用大写字母,不应用同一个字母的大小写来区分轴线号。英文字母的I、O、Z不得用作轴线编号。当字母数量不够使用时,可增用双字母或单字母加数字注脚。

　　组合较复杂的平面图中定位轴线可采用分区编号(图5-20),编号的注写形式应为"分区号——该分区定位轴线编号",分区号宜采用阿拉伯数字或大写英文字母表示;多子项的平面图中定位轴线可采用子项编号,编号的注写形式为"子项号——该子项定位轴线编号",子项号采用阿拉伯数字或大写英文字母表示,如"1-1""1-A"或"A-1""A-2"。当采用分区编号或者子项编号,同一根轴线有不止一个编号时,相应编号应同时注明。

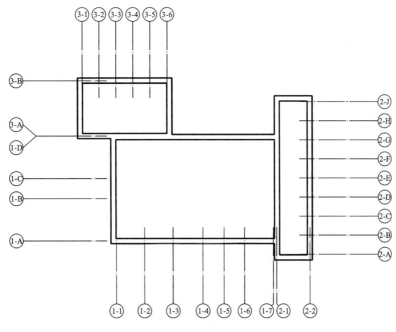

图5-20　定位轴线的分区编号

对于一般不设定位轴线的非承重墙以及其他次要承重构件等,必要时应编号附加定位轴线。

附加定位轴线的编号应以分数形式表示,并按下列规定编号:

(1)两根轴线的附加轴线,应以分母表示前一轴线的编号,分子表示附加轴线的编号,编号宜用阿拉伯数字顺序编号,见图 5-21(b)。

(2)1 号轴线或 A 号轴线之前的附加轴线的分母应以 01 或 0A 表示,见图 5-21(c)。其中,对通用详图中的定位轴线,应只画圆,不标注轴线编号;当一个详图适用于几根轴线时,应同时标注各有关轴线的编号。

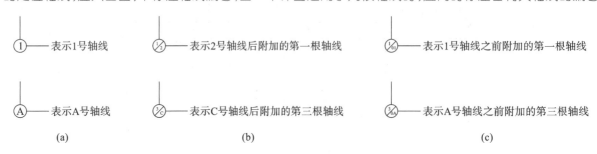

图 5-21　常见的附加定位轴线的标注形式

5.5.1.3　索引符号与详图符号

图样中的某一局部或构件,如需另见详图,应以索引符号索引(图 5-22(a))。索引符号应由直径为 8～10 mm 的圆和水平直径组成,圆及水平直径线宽宜为 $0.25b$。索引符号编写应符合下列规定::

(1)当索引出的详图与被索引的详图同在一张图纸内,应在索引符号的上半圆中用阿拉伯数字注明该详图的编号,并在下半圆中间画一段水平细实线(图 5-22(b))。

(2)当索引出的详图与被索引的详图不在同一张图纸中,应在索引符号的上半圆中用阿拉伯数字注明该详图的编号,在索引符号的下半圆中用阿拉伯数字注明该详图所在图纸的编号(图 5-22(c))。数字较多时,可加文字标注。

(3)当索引出的详图采用标准图时,应在索引符号水平直径的延长线上加注该标准图集的编号(图 5-22(d))。需要标注比例时,应在文字的索引符号右侧或延长线下方,与符号下对齐。

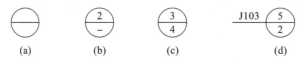

图 5-22　索引符号

当索引符号用于索引剖面详图时,应在被剖切的部位绘制剖切位置线,并以引出线引出索引符号,引出线所在的一侧应为剖视方向(图 5-23)。

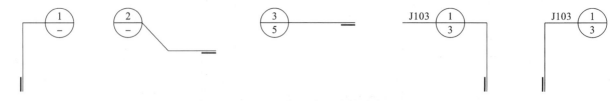

图 5-23　用于索引剖视详图的索引符号

详图的位置和编号应以详图符号表示。详图符号的圆直径应为 14 mm,线宽为 b。详图编号应符合下列规定:

(1)当详图与被索引的图样同在一张图纸内时,应在详图符号内用阿拉伯数字注明详图的编号,见图 5-24(a)。

（2）当详图与被索引的图样不在同一张图纸内时,应用细实线在详图符号内画一水平直径,在上半圆中注明详图编号,在下半圆中注明被索引的图纸的编号,见图 5-24(b)。

(a) 与被索引图样同在一张图纸内的详图索引

(b) 与被索引图样不在一张图纸内的详图索引

图 5-24　详图符号

零件、钢筋、杆件及消火栓、配电箱等设备的编号,宜以直径为 4～6 mm 的圆表示,圆线宽为 0.25b,同一图样应保持一致,其编号应用阿拉伯数字按顺序编写。

5.5.1.4　尺寸标注

（1）尺寸宜标注在图样轮廓以外,不宜与图线、文字及符号等相交(图 5-25)。

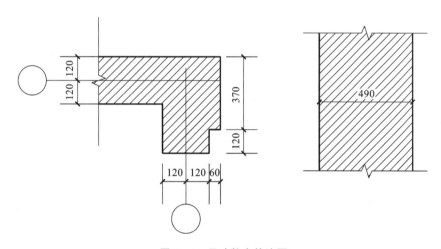

图 5-25　尺寸数字的注写

（2）互相平行的尺寸线,应从被注写的图样轮廓线由近向远整齐排列,较小尺寸应离轮廓线较近,较大尺寸应离轮廓线较远(图 5-26)。

（3）图样轮廓线以外的尺寸界线,距图样最外轮廓之间的距离不宜小于 10 mm。

（4）平行排列的尺寸线的间距宜为 7～10 mm,并应保持一致。

（5）总尺寸的尺寸界线应靠近所指部位,中间的分尺寸的尺寸界线可稍短,但其长度应相等。

5.5.1.5　标高

建筑物的标高表明其各个部分对标高零点(±0.000)的相对高度。标高符号的形式和画法如图 5-27 所示。引线的长度视需要填写的标高数字等所占的长度而定。标高符号的尖端应指至被注高度的位置,尖端宜向下,也可向上,见图 5-28。标高数字以 m 为单位,注写到小数点后第三位;在总平面图中,也可注写到小数点以后第二位。零点标高应注写成±0.000,正数标高不注"＋",负数标高应注"－"。标高数字应注写在标高符号的上侧或下侧。在同一位置需表示几个不同标高时,可按图 5-27(b)的形式标注。总平面图室外地坪标高符号的画法可参照图 5-29。

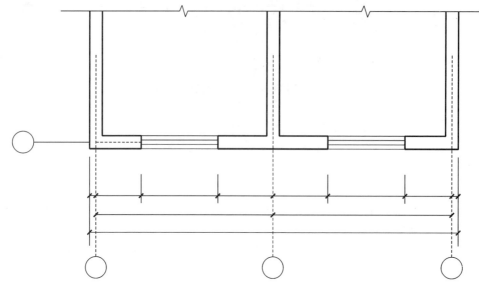

图 5-26　尺寸的排列

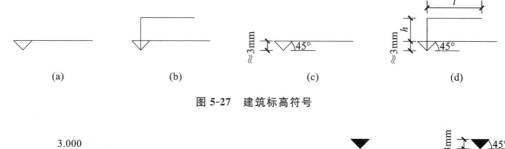

(a)　　　　　　　(b)　　　　　　　(c)　　　　　　　(d)

图 5-27　建筑标高符号

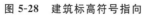

图 5-28　建筑标高符号指向

(a)　　　　　　(b)

图 5-29　总平面图室外地坪标高

5.5.1.6　图例

常用建筑材料图例见表 5-2。

表 5-2　常用建筑材料图例

序号	名称	图例	备注
1	自然土壤		包括各种自然土壤
2	夯实土壤		—
3	砂、灰土		—
4	砂砾石、碎砖三合土		—

续表

序号	名称	图例	备注
5	石材		—
6	毛石		—
7	实心砖、多孔砖		包括普通砖、多孔砖、混凝土砖等砌体
8	耐火砖		包括耐酸砖等砌体
9	空心砖、空心砌块		包括空心砖、普通或轻骨料混凝土小型空心砌块等砌体
10	加气混凝土		包括加气混凝土砌块砌体、加气混凝土墙板及加气混凝土材料制品等
11	饰面砖		包括铺地砖、玻璃马赛克、陶瓷锦砖、人造大理石等
12	焦渣、矿渣		包括与水泥、石灰等混合而成的材料
13	混凝土		1.包括各种强度等级、骨料、添加剂的混凝土 2.在剖面图上绘制表达钢筋时,则不需绘制图例线 3.断面图形较小,不易绘制表达图例线时,可填黑或深灰(灰度宜70%)
14	钢筋混凝土		
15	多孔材料		包括水泥珍珠岩、沥青珍珠岩、泡沫混凝土、软木、蛭石制品等
16	纤维材料		包括矿棉、岩棉、玻璃棉、麻丝、木丝板、纤维板等
17	泡沫塑料材料		包括聚苯乙烯、聚乙烯、聚氨酯等多聚合物类材料

序号	名称	图例	备注
18	木材	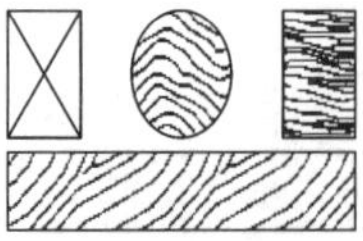	1.上图为横断面,左上图为垫木、木砖或木龙骨 2.下图为纵断面
19	胶合板	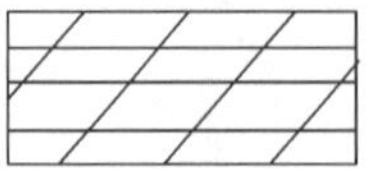	应注明为×层胶合板
20	石膏板	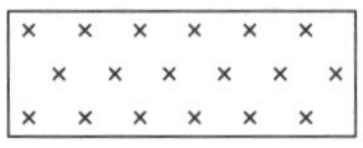	包括圆孔或方孔石膏板、防水石膏板、硅钙板、防火石膏板等
21	金属	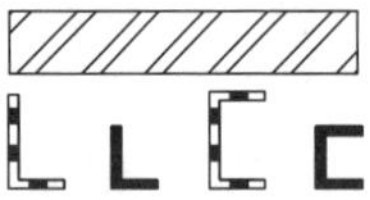	1.包括各种金属 2.图形较小时,可填黑或深灰(灰度宜70%)
22	网状材料		1.包括金属、塑料网状材料 2.应注明具体材料名称
23	液体	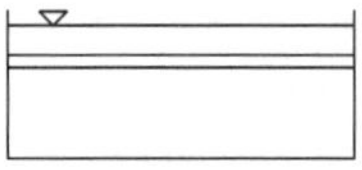	应注明具体液体名称
24	玻璃	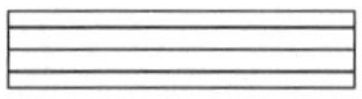	包括平板玻璃、磨砂玻璃、夹丝玻璃、钢化玻璃、中空玻璃、夹层玻璃、镀膜玻璃等
25	橡胶	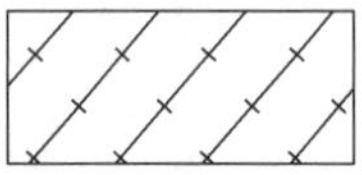	—
26	塑料	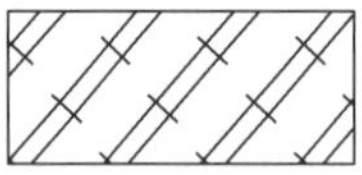	包括各种软、硬塑料及有机玻璃等
27	防水材料		构造层次多或绘制比例大时,采用上面的图例
28	粉刷		本图例采用较稀的点

注:1.本表中所列图例通常在1:50及以上比例的详图中绘制表达。

2.如需表达砖、砌块等砌体墙的承重情况时,可通过在原有建筑材料图例上增加填灰等方式进行区分,灰度宜为25%左右。

3.序号1、2、5、7、8、14、15、21图例中的斜线、短斜线、交叉线等均为45°。

5.5.1.7　引出线

引出线线宽应为 $0.25b$，宜采用水平方向的直线，或与水平方向成 $30°$、$45°$、$60°$、$90°$ 的直线，并经上述角度再折成水平线。文字说明宜注写在水平线的上方，也可注写在水平线的端部。索引详图的引出线，应与水平直径线相连接。见图 5-30。

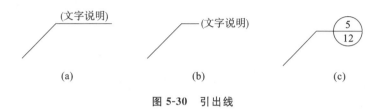

图 5-30　引出线

同时引出的几个相同部分的引出线，宜互相平行，也可以画成集中于一点的放射线（图 5-31）。

图 5-31　共用引出线

多层构造或多层管道共用引出线，应通过被引出的各层，并用圆点示意对应各层次。文字说明宜注写在水平线的上方，或注写在水平线的端部，说明的顺序应由上至下，并应与被说明的层次对应一致；如层次为横向排序，则由上至下的说明顺序应与由左至右的层次对应一致（图 5-32）。

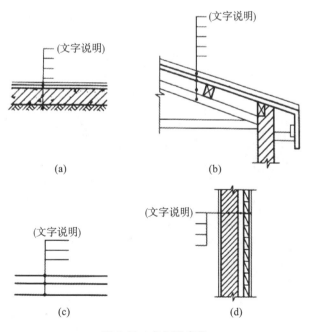

图 5-32　多层引出线

5.5.2 园林建筑施工图的阅读

园林建筑施工图是根据投影理论和图示方法及有关专业知识绘制,用以表示房屋建筑设计及构造、结构做法的图样。要看懂施工图的内容,要做到以下几点:

(1)必须掌握投影原理和图示方法。

(2)必须熟悉图示图例、符号、线型、尺寸和比例的意义及有关文字说明的含义。

(3)必须善于观察、了解、熟悉建筑物的组成和基本构造。

(4)必须明确各种工程施工图的图示内容和作用,注意各种图样间的互相配合和联系。

(5)在阅读全套图纸时,先看总说明和首页图,再依照建筑施工图、结构施工图、设备施工图的顺序阅读,然后深入看构件图;并遵循先整体后局部、先文字后图样、先图形后尺寸的阅读原则。通过通读,概括了解工程对象的建设区域、周围环境,建筑物的形状、大小、结构形式和建筑关键部位等工程概况。

(6)在通读的基础上,了解各类图纸之间的联系,进一步结合专业要求,深入阅读不同类别的图纸。对于"建施"图,先阅读平、立、剖面图,后读详图;对于"结施"图,先阅读基础施工图、结构布置平面图,后读构件详图。

5.5.2.1 园林建筑总平面图的读图

(1)应该先看图标、图名、图例及有关文字说明,对施工图做概括了解;

(2)了解工程性质、用地范围、地形地貌和周围情况;

(3)根据标注的标高和等高线,了解地形高低、雨水排除方向;

(4)根据坐标(标注的坐标或坐标网格)了解拟建建筑物、构筑物、道路、管线和绿化区域;

(5)根据指北针和风向玫瑰图,了解建筑物的朝向及当地常年风向频率和风速。

某居住区总平面图如图 5-33 所示。

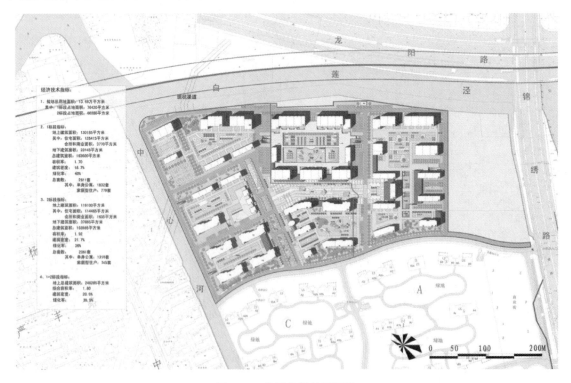

图 5-33 某居住区总平面图

5.5.2.2　园林建筑平面图的读图

(1)了解图名、层次、比例和纵、横向定位轴线及其编号。

(2)明确图示图例、符号、线型、尺寸的意义。

(3)了解图示建筑物的平面布置,如房间的布置、分隔,墙、柱的断面形状和大小,楼梯的梯段走向和级数,门窗布置、型号和数量,房间其他固定设备的布置,在底层平面图中表示的室外台阶、明沟、散水坡、踏步、雨水管等的布置。

(4)了解平面图中的各部分尺寸和标高。通过外、内各道尺寸标注,了解总尺寸,轴线间尺寸,开间、进深、门窗及室内设备的大小尺寸和定位尺寸,并由标注出的标高了解楼、地面的相对标高。

(5)了解建筑物的朝向。

(6)了解建筑物的结构形式及主要建筑材料。

(7)了解剖面图的剖切位置及编号、详图索引符号及编号。

(8)了解室内装饰的做法、要求和材料。

(9)了解屋面部分的设施和建筑构造的情况,对屋面排水系统应与屋面做法表和墙身剖面的檐口部分对照识读。

5.5.2.3　园林建筑立面图的读图

(1)了解图名、比例和定位轴线编号。

(2)了解建筑物整个外貌形状,了解门窗、窗台、台阶、雨篷、阳台、花池、勒脚、檐口、落水管等细部形式和位置。

(3)从图中标注的标高,了解建筑物的总高度及其他细部标高。

(4)从图中的图例、文字说明或列表,了解建筑物外墙面装修的材料和做法。

5.5.2.4　园林建筑剖面图的读图

(1)将图名、定位轴线编号、平面图上的剖切线及其编号与定位轴线编号相对照,确定剖面图的剖切位置和投影方向。

(2)从图示建筑物的结构形式和构造内容,了解建筑物的构造和组合,如建筑物各部分的位置、组成、构造、用料及做法等情况。

(3)从图中标注的标高及尺寸,了解建筑物的垂直尺寸和标高情况。

5.5.2.5　园林建筑施工图示例

园林建筑施工图示例见图 5-34 至图 5-37。

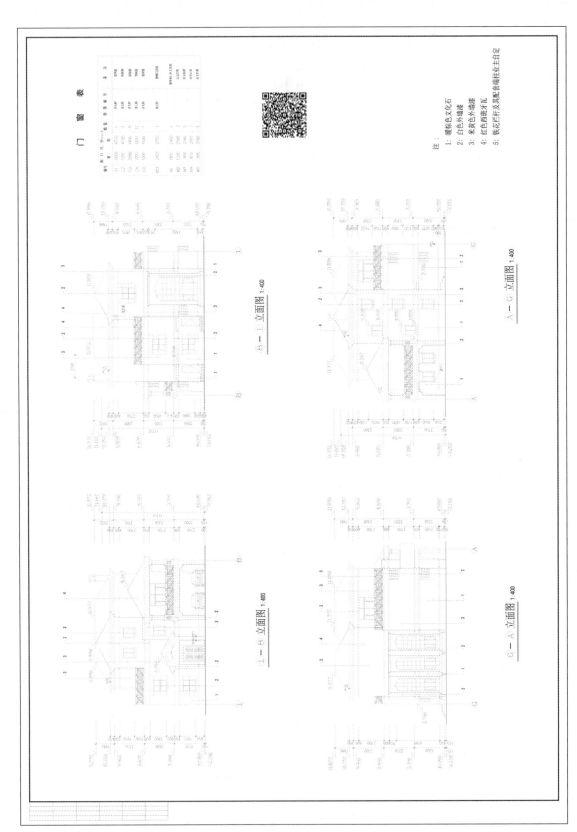

图 5-34　建筑立面图

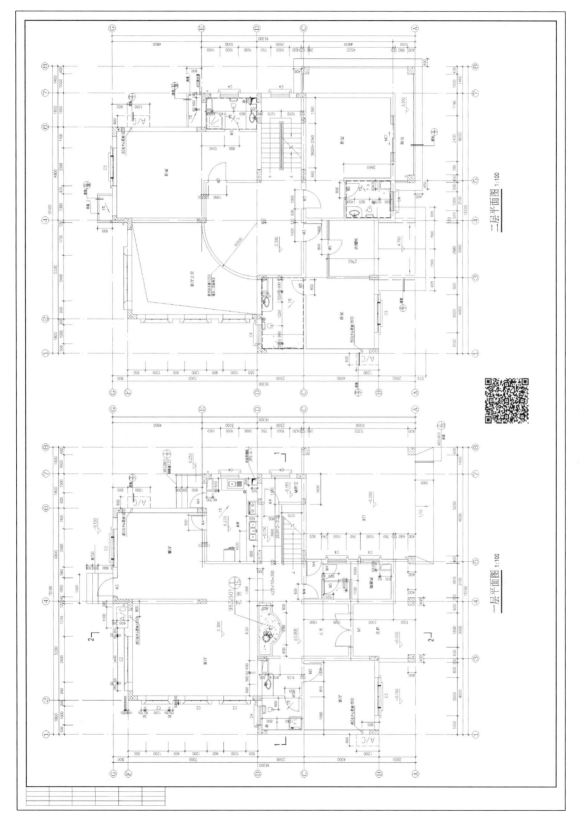

图 5-35　建筑平面图

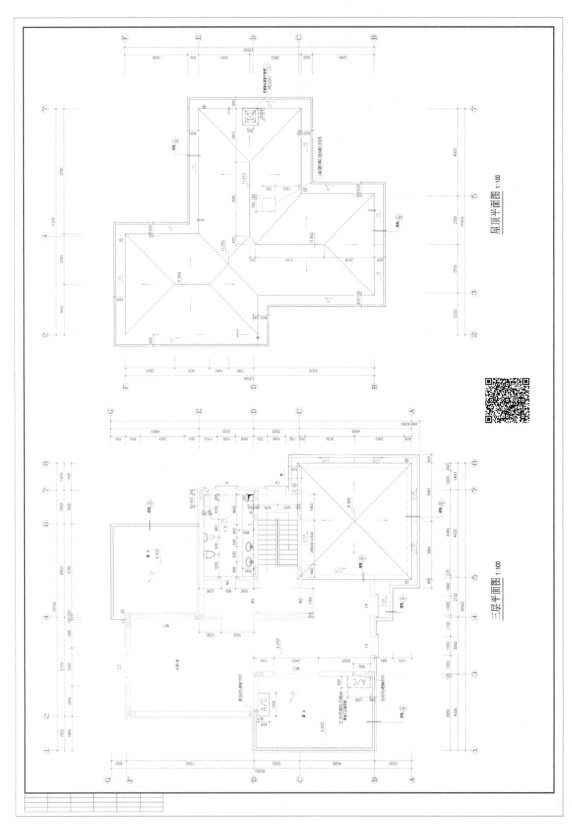

屋顶平面图 1:100

三层平面图 1:100

续图 5-35

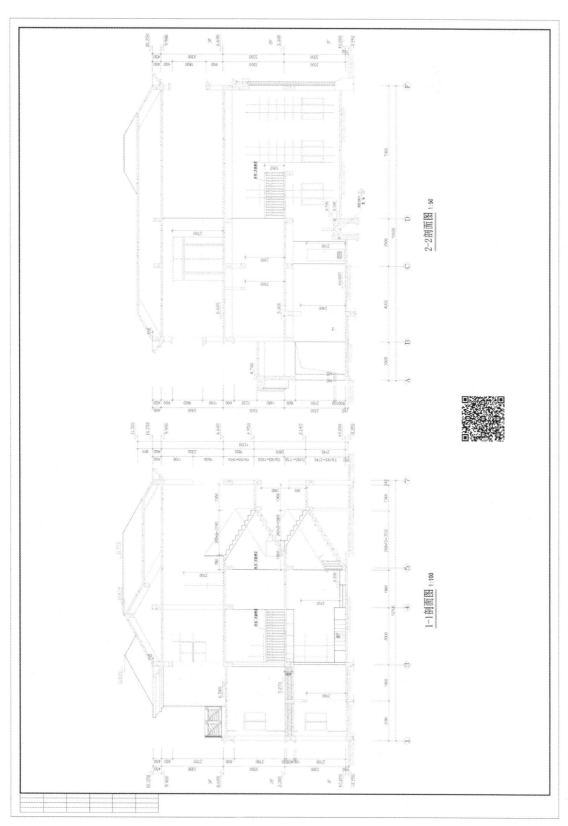

图 5-36 建筑剖面图

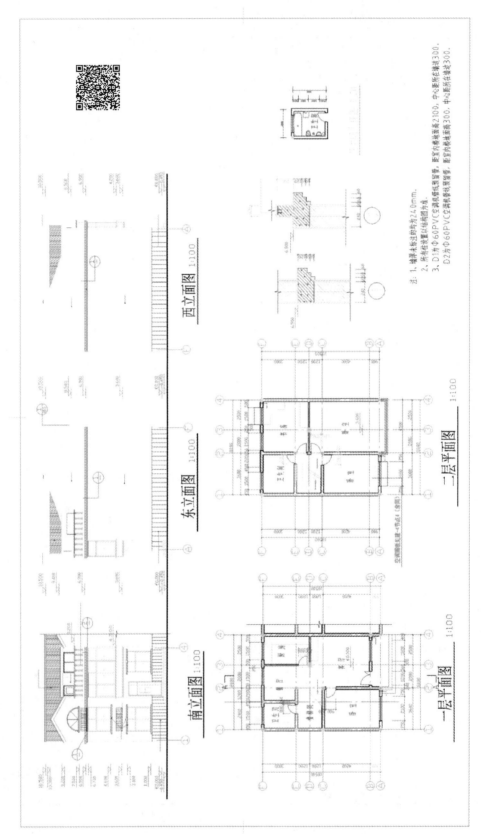

图 5-37　建筑抄绘

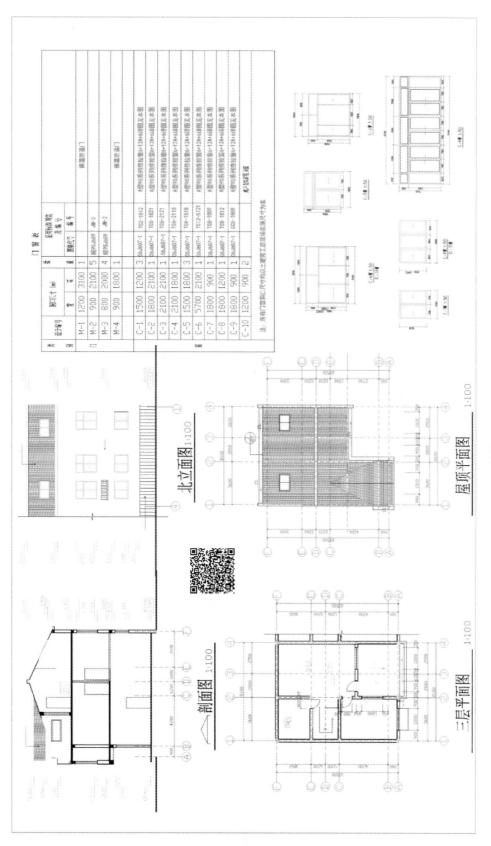

续图 5-37

Yuanlin Zhitu

6
地　形

6.1

概　　述

6.1.1　地形的定义

地形是指地表各种各样的形态,具体指地表以上分布的固定物体所共同呈现出的高低起伏的各种状态。地形是地貌与地物的总称。其中,地物是指地球表面上相对固定的物体,可分为天然地物(自然地物)和人工地物,如工程建筑物与构筑物、道路、水系、独立地物、境界、管线、植被等;地貌是指地表起伏的形态,如陆地上的山地、平原、河谷、沙丘,海底的大陆坡、深海平原、海底山脉等。

6.1.2　地形的功能

地形是风景园林空间中一个非常重要的因素,它直接影响着外部空间的美学特征、人的空间感,影响视野、排水、环境的小气候以及土地的功能结构等,是所有设计要素赖以支撑的基础平面。概括起来,地形的功能主要体现在使用功能和美学功能两大方面。

6.1.2.1　使用功能

1.分隔空间

地形可以利用不同的方式创造和限制外部空间。空间的底面区域、斜坡的陡峭程度和地平轮廓线这三个地形的可变因素直接影响着外部空间的特性(图 6-1)。

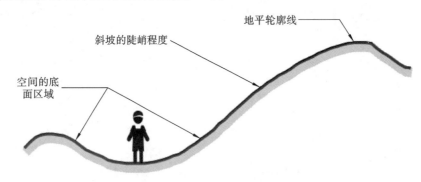

图 6-1　地形的三个可变因素影响着空间感

平坦地形是一种缺乏垂直限制的平面因素,视觉上缺乏空间限制。而斜坡的地面较高点占据了垂直面的一部分,并且能够限制和封闭空间。斜坡越陡越高,户外空间感就越强烈。地形除能限制空间外,还能影响一个空间的气氛。平坦、起伏平缓的地形能给人以美的享受和轻松感,而陡峭、崎岖的地形极易在一个空间中造成兴奋的感受。

地形不仅可制约一个空间的边缘,还可制约其走向。一个空间的总走向,一般都是朝向开阔视野。当地形一侧为一片高地,而另一侧为一片低矮地时,空间就可形成一种朝向较低、更开阔的一方,而背离高地空间的走向。

2. 控制视线

地形能在景观中将视线导向某一特定点,影响某一固定点的可视景物和可见范围,形成连续观赏或景观序列,或完全封闭通向不悦景物的视线(图6-2)。为了能在环境中使视线停留在某一特殊焦点上,我们可在视线的一侧或两侧将地形增高,在这种地形中,视线两侧的较高地面犹如视野屏障,封锁了分散的视线,从而使视线集中到景物上。地形的另一类似功能是构成一系列赏景点,以此来观赏某一景物或空间。

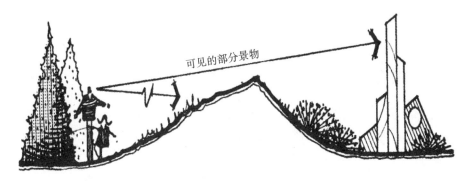

可见的部分景物

图 6-2　地形影响某一固定点的可视景物

3. 影响游览路线和速度

地形可被用在外部环境中,影响行人和车辆运行的方向、速度和节奏。在园林设计中,可用地形的高低变化、坡度的陡缓以及道路的宽窄、曲直变化等来影响和控制游人的游览路线及速度(图6-3)。在平坦的土地上,人们的步伐稳健持续,无须花费什么力气。而在变化的地形上,随着地面坡度的增加或障碍物的出现,游览变得越发困难。为了上、下坡,人们必须使出更多的力气,游览时间随之延长,中途的停顿、休息也就逐渐增多。对于步行者来说,在上、下坡时,其平衡状态受到干扰,每走一步都必须格外小心,最终导致尽可能地减少穿越斜坡的行动。

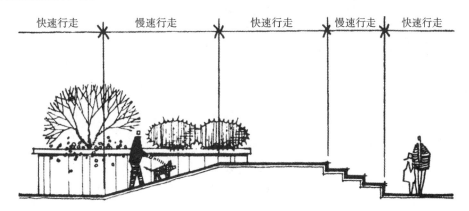

快速行走　　慢速行走　　快速行走　　慢速行走　快速行走

图 6-3　地形对游览速度的影响

4. 改善小气候

地形可影响园林某一区域的光照、温度、风速和湿度等。从采光方面来说,朝南的坡面一年中大部分时间都保持较温暖和宜人的状态。从风的角度而言,凸面地形、山脊或土丘等可以阻挡刮向某一场所的冬季寒风。反过来,地形也可被用来收集和引导夏季风。夏季风可以被引导穿过两高地之间形成的谷地或注地、马鞍形的空间。

5.组织排水

地形对于组织排水有着十分重要的意义。由于地表的径流量、径流方向和径流速度都与地形有关,因而地形过于平坦时就不利于排水,容易积涝。而当地形坡度太陡时,径流量就比较大,径流速度也较快,从而引起地面冲刷和水土流失。因此,创造一定的地形起伏,合理安排地面的分水和汇水线,使地形具有较好的自然排水条件,是充分发挥排水工程作用的有效措施。

6.改善种植和建筑物条件

植物种植设计要顺应地形条件,充分利用地形现状,必要时通过挖湖堆山,在高处种植高大乔木,低处种植低矮灌木或地被,以形成高低错落、层次丰富的景观效果,从而营造有进深感、围合感的整体空间效果。

地形的变化会影响建筑物的生产、构造、使用、维护等方方面面,是建筑设计所必需的基础。建筑物应该避免修建在地势低洼、水域附近、地质不稳定、坡度过大等区域。建筑物的外部形态应能够适应所在的环境,与周边环境相协调。此外,建筑物在不同地形上安置能给人不一样的心理感受(图6-4)。

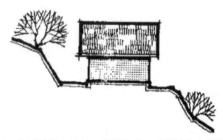

(a) 直接安置在斜坡上的建筑缺乏稳定感和舒适感   (b) 在平坦的土地上,建筑物使人感到稳定和舒适

图6-4　建筑物安置在不同地形上给人的心理感受不同

6.1.2.2　美学功能

1.背景功能

地形可被当作布局和视觉要素来使用。在大多数情况下,土壤是一种可塑性物质,它能被塑造成具有各种特性和美学价值的悦目的实体和虚体。地形有许多潜在的视觉特性。借助于土壤,我们可赋予地形柔软、具有美感的形状,这样它便能轻易地捕捉视线,并使其穿越于景观。借助于岩石和水泥,地形便被浇铸成具有清晰边缘和平面的挺括结构。地形的每一种视觉特性,都可使一个设计在视觉感上具有明显差异。

地形不仅可被组合成各种不同的形状,它还能在阳光和气候的影响下产生不同的视觉效应。阳光照射某一特殊地形而由此产生的阴影变化,一般会给人一种赏心悦目的感觉。当然,这些情形每一天、每一个季节都在发生变化。此外,降雨和降雾所产生的视觉效应也能改变地形的外貌。

2.造景功能

不同的地形能够创造出不同的景观供游人观赏。在对地形进行处理时,应尽可能利用不同的美学表现形式,将其设计成不同风格、千姿百态的峰、岭、谷、崖、池、洞、堤、岛、渊等人造地形。

6.1.3 地形处理的基本原则

6.1.3.1 利用为主,改造为辅

地形高差的改造是因为实际需要才进行的处理,不能是为了设计而创造出设计,而一定是为满足景观各个功能设施和场所需要而进行的,设计最忌讳画蛇添足的行为。

6.1.3.2 尺度得体,以人为本

"尺度得体,以人为本"原则是从人性需求方面提出的,由于风景园林中所有的设计都需要人的参与,因此要着重考虑不同行为人在使用场所时的各种需要,以满足人体的视知觉要求。其中,对于地形处理最为重要的一点就是考虑尺度大小对行为人的影响问题。

6.1.3.3 功能优先,造景并重

"功能优先,造景并重"原则是从功能实用性的角度提出的。自然界中地形高差的存在是风景园林多样性的基础,在满足基本功能的前提下要兼顾美观性和愉悦性。

6.1.3.4 经济节约,安全美观

"经济节约,安全美观"原则是从成本与安全性的角度提出的。一般来说,无论是设计者还是投资人,都希望以最少的成本设计出最合理的作品,在处理地形时也是如此。

6.2
地形的类型

地形可以通过它的规模、坡度、地质构造以及形态加以归类和评估。基本的地形类型有五种,分别是平原、高原、丘陵、山地和盆地。在风景园林中,根据地形的大小还可将其分为大地形、小地形和微地形。就风景区范围而言,其地形复杂多样,包括山谷、高山、丘陵以及平原,这类地形一般称为"大地形"。从公园范围来讲,地形包含土丘、台地、斜坡、平地,或因台阶和坡道所引起的水平面变化等,这类地形统称为"小地形"。某个局部空间起伏最小的地形叫"微地形",它包括沙丘上的微弱起伏或波纹,或是道路上石头和石块的不同质地变化。

地形是风景园林场地的基地与骨架,是形成风景园林自然空间的实体要素。在进行地形设计时,对山体、水体的位置、大小、形状、高深及空间关系等都要有整体的考虑。风景园林场地中的地形常分为平地、凸地、山脊、凹地、山谷和山坡等类型。

6.2.1 平地

平地即平坦地形,指在视觉上与水平面总体上相平行的地面,包括有微小的坡度或轻微起伏的地面。平坦地形是所有地形中最简明、最稳定的地形,易让人产生舒适和踏实的感觉。平坦地形开阔、空旷、暴露,

缺少私密性(见图 6-5、图 6-6),对光、声、风、日照没有遮挡,因此要运用其他空间限制因素(如植被、墙体等)加以改造,以满足各种需求。平坦地形对水平面具有协调作用,能使水平造型要素与水平面构成统一协调的整体,自然地与外部环境相结合。平坦地形的视觉特性使其具有宁静的特点,成为其他引人注目的物体的背景。任何一种垂直线性的元素,在平坦地形上都会成为突出的元素,并成为视觉的焦点。

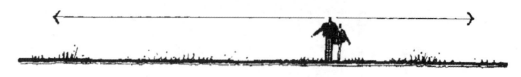

图 6-5　平坦地形自身不能形成私密的空间限制

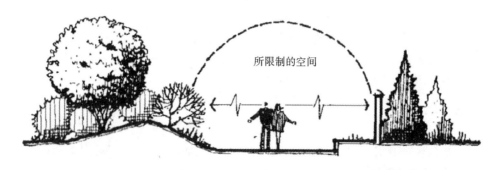

图 6-6　空间私密性的建立必须依靠地形的变化和其他因素的帮助

平坦地形属外向型空间,具有多方向特性,无视线焦点,视野开阔,可以多向组织空间。在平坦地形上适合布置具有延伸性和多向性的设计构筑物和设计元素。平坦地形极为灵活、实用,具有许多潜在的观赏特性和功能作用。

6.2.2　凸地

凸地即凸地形,其顶端是地面的制高点,表现形式有土丘、丘陵、山峦及山峰。人位于凸地形的顶端会产生一种心理上的优越感,因而有"会当凌绝顶,一览众山小"的豪迈感。凸地形与平坦地形相比较有一定的动态感和方向感,它是与重力相反方向的延伸,代表着权力与力量(图 6-7)。同样,人从低处向高处望容易产生一种仰止的心理,因此景区内较重要的构筑物常被放置于凸地形的顶端,以形成尊崇、敬仰的心理氛围。

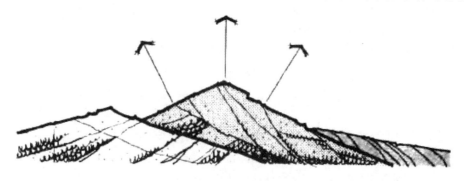

图 6-7　凸地形抗拒重力,代表权力与力量

凸地形在景观中可以作为焦点或者具有支配地位的要素。人们在登山时容易产生崇高、庄严感,再加上山巅具有控制性,所以山顶上往往布置主要或重要建筑或标志物,统领全园,具有鲜明的导向性。同时,凸地形具有外向性,因为凸地形通常可提供观察周围环境的更广泛的视野,人们可根据其高度和坡度陡峭程度,在低处找到被观赏点,牵引视线向外延伸或从鸟瞰的角度进行观赏(图 6-8)。

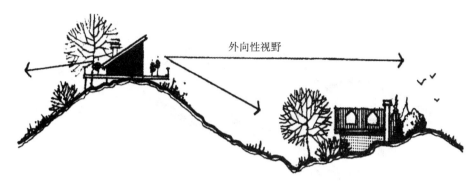

图 6-8   凸地形可作为焦点并具有外向性

6.2.3   山脊

山脊是与凸地形相类似的地形,山脊总体上呈线状,与凸地形相比较,其形状更紧凑、更集中。山脊可充当分隔物,其作为一个空间的边缘,犹如一道墙体将各空间或谷地分隔开来。

从排水角度而言,山脊就像一个分水岭,降落在山脊两侧的雨水将各自流到不同的区域。从功能角度看,无论是车辆还是行人,在山脊线上或至少平行于山脊线运动,这种运动都是最方便易行的;如果运动方向垂直于山脊线,这种运动会相当吃力。

山脊线及山脊线终点是很好的视点,景观面丰富,属外向型空间。山脊线可提供外倾于周围景观的制高点,沿山脊线有许多视野供给点,山脊线终点的景观视野效果最佳,往往成为理想的建筑点(图 6-9)。

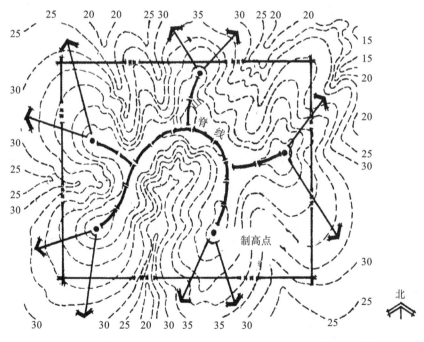

图 6-9   山脊线及山脊线终点是很好的视点,能向外观看周围的景观

6.2.4   凹地

凹地即凹地形,在景观中可被称为碗状洼地,它的形成一般有两种方式:一是地面某一区域的泥土被挖掘,二是两片凸地形并列排在一起。凹地形与凸地形相连接可完善地形布局(图 6-10)。

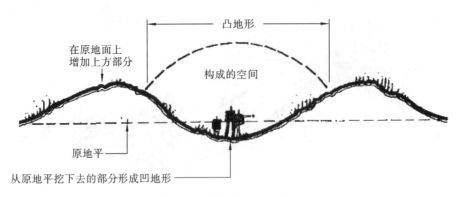

图 6-10 凹地形构成的空间

凹地形是具有内向性的、不受外界干扰的空间,可将处于该空间中的人的注意力集中在其中心或底层。其可封闭人们的视线,空间呈积聚性,让人产生保护感、隔离感,属于静态、隐蔽的空间(图 6-11)。

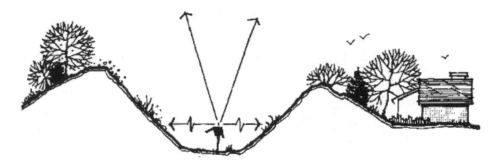

图 6-11 凹地形的空间呈积聚性

凹地形可躲避掠过空间上部的狂风,与同一地区内的其他地形相比更暖和,风沙更少。但较低的底层周围比较潮湿,容易积水。

6.2.5 山谷

山谷又称谷地,与凹地形相似,是景观中的一个低地,具有实空间的功能,可进行多种活动(图 6-12)。谷地属于敏感的生态和水文地域,它常伴有小溪、河流以及相应的泛滥区,同时谷地底层的土地肥沃,适合农作物生产。

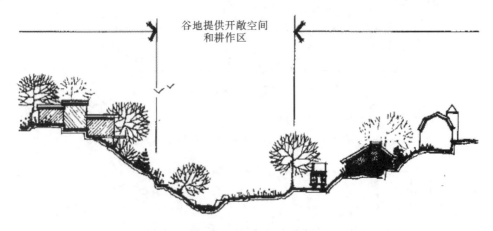

图 6-12 可能时,谷地能作为开敞空间,而谷边作为开发地

6.2.6　山坡

山坡又称坡地,是单面外向型空间,景观单调,变化较少,空间难以组织,需分段用人工组织空间,使景观富于变化。根据坡度大小的不同,坡地又可分为缓坡地、中坡地、陡坡地、急坡地和悬崖陡坎等。

6.3
地形的表达方式

为了能有效地在风景园林设计中使用地形,首先应该对各种表达地形的方式有一个清楚的了解。地形的表达方式分为平面表达、剖面表达和立体模型制作三个方面。

6.3.1　平面表达

6.3.1.1　等高线法

1. 相关概念

等高线是一组垂直间距相等、平行于水平面的假想面与自然地貌相切所得到的交线在平面上的投影。给这组投影线标注数值,便可用它在图纸上表示地形的高低陡缓、峰峦位置、坡谷走向及溪池的深度等内容。

与等高线相关的术语主要有等高差与水平距。所谓等高差,是指在一个已知平面上任意两条相邻等高线之间的垂直距离。等高差是一个常数,常标注在图标上。例如,一个数值为 1 m 的等高差就表示在平面上的每一条等高线之间具有 1 m 的海拔高度变化。在同一张图纸上,等高差自始至终应保持不变,除非另有标注。就大多数园址平面图的比例而言(图纸比例尺为 1∶100～1∶1000),等高差一般为 1 m 或 0.5 m。而以地区性的比例而言(图纸比例尺为 1∶5000～1∶30 000),平面图的等高差可为 5 m、10 m、15 m。水平距就是相邻等高线之间的水平距离,这一距离受斜坡坡度的影响,而在一个平面上不停变化。等高线密集,表示地形陡峭;等高线稀疏,表示地形平缓;等高线水平距离相等,则表示该地形坡面倾斜角度相同。

2. 典型地貌的等高线

风景园林场地中常见的地形用等高线法进行表达的形式如下。

1)山峰和盆地

山峰有全方位的景观视角,空间外向性强,峰顶是相对于周围地面而言的一个最高点,控制性强。其等高线为闭合曲线,内高外低。为了便于判读,在最高等高线上,沿山脊下坡方向标注一短线,这样的短线称为示坡线。山峰的示坡线画在等高线外侧,坡度向外侧降低。山峰的等高线见图 6-13。

盆地与山峰相反,属于内向、封闭性的地形。其等高线也为闭合曲线,但外高内低,但底部较平,一般没有明确的最低点。盆地的示坡线画在等高线内侧,坡度向内侧降低。盆地的等高线见图 6-14。

2)山脊和山谷

山脊是向一个方向延伸的高地,其最高棱线称为山脊线,也称分水线。两个山脊之间的凹地为山谷,其

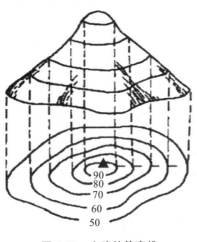

图 6-13　山峰的等高线

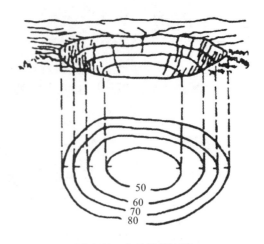

图 6-14　盆地的等高线

最低点连线为山谷线,也称集水线。山脊和山谷的等高线特征相似,都是一组相同凸向的曲线。不同的是山脊的等高线凸向下坡方向,弧度向外,示坡线向外;山谷的等高线凸向上坡方向,等高线弧度向内,示坡线向内。见图 6-15、图 6-16。

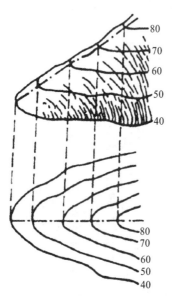

图 6-15　山脊的等高线和山脊线

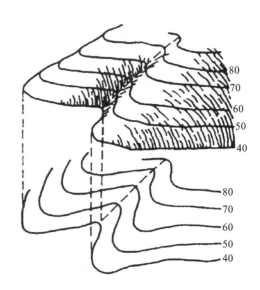

图 6-16　山谷的等高线和山谷线

3)山鞍

山鞍又称鞍部,是相邻两山头之间呈马鞍形的低凹部位,往往是山区道路通过的地方,也是两个山脊与两个山谷会合的地方。鞍部等高线的特点是在一圈大的闭合曲线内,套有两组小的闭合曲线(图 6-17)。

4)陡崖

陡崖是坡度在 70°以上的陡峭崖壁,有石质和土质之分。如用等高线表示,将非常密集或重合为一条线,因此采用陡崖符号来表示(图 6-18)。

总体来说,等高线呈封闭状时,高度是外低内高,表示的是凸地形(如山峰、山地、丘顶等);等高线高度是外高内低,则表示的是凹地形(如盆地、洼地等)。等高线呈曲线状时,等高线向高处弯曲的部分为山谷,等高线向低处凸出处为山脊。由一对表示山谷与一对表示山脊的等高线组成的地形部位为鞍部,等高线重合处为陡崖。等高线密集的地方表示该处坡度较陡,等高线稀疏的地方表示该处坡度较缓。

为了更好地表示地貌的特征,便于识图用图,地形图上主要采用三种等高线,如图 6-19 所示。基本等高

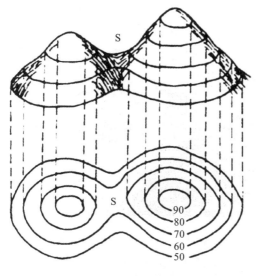

图 6-17　山鞍的等高线

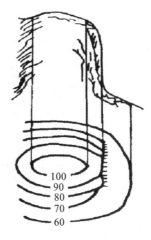

图 6-18　陡崖的等高线

线也叫首曲线,即按基本等高距描绘的等高线。加粗等高线也叫计曲线,每隔四根首曲线加粗绘制一根等高线,其目的是便于计算高程。半距等高线也叫间曲线,是按二分之一的基本等高距内插绘制的等高线,以便显示首曲线不能显示的地貌。

大多时候,我们会在绘有原地形等高线的底图上用设计等高线进行地形改造或创作,在同一张图纸上便可表达原有地形、设计地形状况及场地的平面布置、各部分的高程关系。有时为了避免混淆,原地形等高线用虚线或浅细线表示,设计等高线用实线表示(图 6-20)。

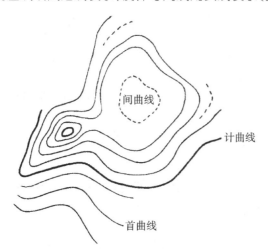

图 6-19　首曲线、计曲线和间曲线

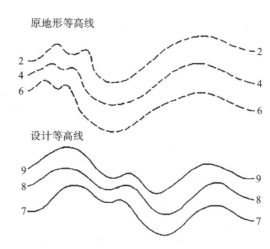

图 6-20　原地形等高线用虚线表示,设计等高线用实线表示

综合以上信息,用等高线法进行地形地貌的综合表达,如图 6-21 所示。

6.3.1.2　高程标注法

高程是以大地水准面作为基准面,并从零点(水准原点)起算地面各测量点的垂直高度,是测量学科的专用名词。地形图上的高程点又称标高点,即标有高程数值的信息点。标高点在平面图上的标记是一个"＋"字记号或一个圆点,并配有相应的数值。由于标高点常位于等高线之间而不在等高线之上,因而常用小数表示,一般标到小数点后 1～2 位,如 51.3、45.70 等。

图面上的高程注记需要有一定的密度,通常是在 10 cm×10 cm 的格内有六个以上的点。根据比例尺

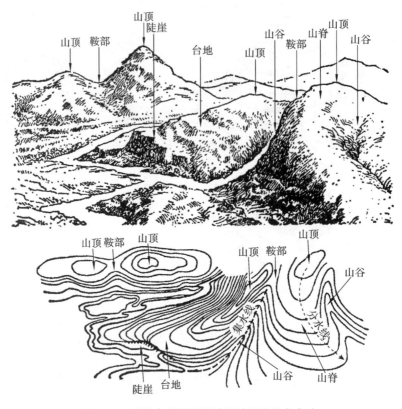

图 6-21　用等高线法进行地形地貌的综合表达

算,1:500的地形图,实地大约15米有一个高程注记点。对于坡坎,需要在坡坎顶和坡坎底分别注记高程。道路中线的交叉点、变坡点上要注记高程。居民区的空地和胡同内部要注记地形点。各控制点要用专门的符号注记高程。建筑物的墙角、顶点、低点、栅栏、台阶顶部和底部以及墙体高端等需要注记高程,山顶、坑底、山脊、山谷等地形特征也要注记高程,便于读图人员掌握地貌情况。

高程标注法最常用在基址现状平面图、竖向平面图、排水平面图等图纸上,通常与等高线配合表达地貌特征的高程信息(图6-22)。

6.3.1.3　坡级法

坡级法是用坡度表示地形的陡缓和分布的方法,常用于基地现状和坡度分析图中。坡度等级可根据等高距的大小、地形的复杂程度以及各种活动内容对坡度的要求进行划分。

坡级图的画法如下(见图6-23):

①首先定出坡度等级,根据拟定的坡度值范围,用坡度公式 $\alpha = (h/l) \times 100\%$ 算出临界平距 $l_{5\%}$、$l_{10\%}$、$l_{20\%}$,划分出等高线平距范围。

②用硬纸片做的标有临界平距的坡度尺或者直尺去量取相邻等高线间的所有临界平距位置。

③量取时,应尽量保证坡度尺或直尺与两根相邻等高线相垂直,当遇到间曲线(用虚线表示的等高距减半的等高线)时,临界平距要相应减半。

④根据平距范围确定出不同坡度范围内的坡面,并用线条或色彩加以区别,常用的区别方法有影线(蓑状线)法和单色或复色渲染法。

影线也称蓑状线,是在相邻两条等高线之间画出的与等高线垂直的短线,蓑状线是互不相连的。蓑状线法常用在直观性园址平面图或扫描图上,以图解的方式显示地形,用蓑状线的粗细和密度来描绘斜坡坡度,蓑状线越粗、越密则坡度越陡。此外,蓑状线可用在平面图上以产生明暗效果,从而使平面图产生更强的立体感,相应而言,表示阴坡的蓑状线暗而密,表示阳坡的蓑状线则明而疏。

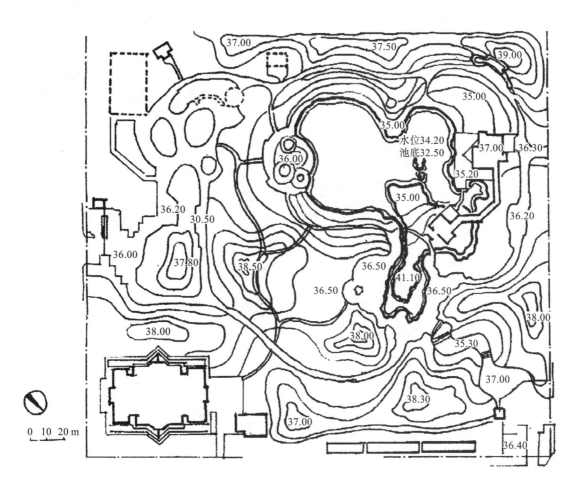

水位34.20
池底32.50

0　10　20 m

图 6-22　丽都公园地形高程标注

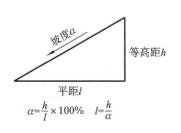

$$\alpha=\frac{h}{l}\times100\%\qquad l=\frac{h}{\alpha}$$

(a) 坡度公式

Ⅰ. $\alpha\leqslant5\%$
Ⅱ. $5\%<\alpha\leqslant10\%$
Ⅲ. $10\%<\alpha\leqslant20\%$
Ⅳ. $\alpha>20\%$

$$l_{5\%}=\frac{1\ m}{5\%}=20\ m$$
$$l_{10\%}=\frac{1\ m}{10\%}=20\ m$$
$$l_{20\%}=\frac{1\ m}{20\%}=20\ m$$
$l_Ⅰ\geqslant20\ m$
$20\ m>l_Ⅱ\geqslant10\ m$
$10\ m>l_Ⅲ\geqslant5\ m$
$5\ m>l_Ⅳ$

(b) 坡度等级及平距范围

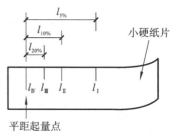

(c) 坡度尺

图 6-23　坡级图的画法

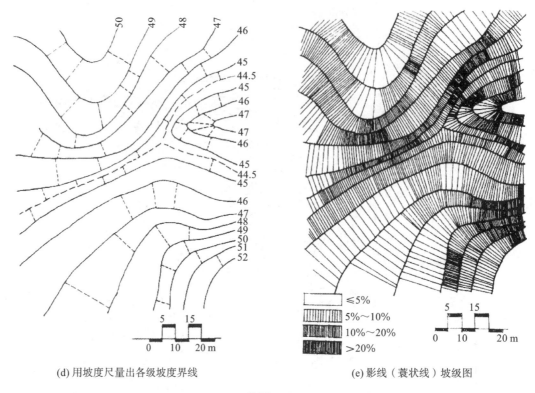

(d) 用坡度尺量出各级坡度界线　　　　　(e) 影线（蓑状线）坡级图

续图 6-23

渲染法是对坡级法确定出的不同坡度范围内的坡面逐层设置不同的颜色,用色调和色度的逐渐变化直观地反映地形特征变化的方法。各层的颜色既要有差别又要渐变过渡,一般以坡度斜坡为基准,深色调代表较大的坡度,浅色调代表较缓的斜坡。这种方法可更好地帮助确定园址不同部分的土地利用和景观要素选点。

6.3.1.4　分布法

分布法主要用于表示基地范围内地形变化的程度、地形的分布和走向。这种方法将整个地形的高程划分成间距相等的几个等级,并用单色加以渲染,各高度等级的色度随着高程从低到高的变化也逐渐由浅变深(见图6-24)。

6.3.2　剖面表达

地形图上的等高线虽然可以表示地面的高低和坡度,但对缺乏读图经验的人来说,却不容易建立起地面起伏的立体感。为更好地表示地面的高低起伏和倾斜缓急,可以利用等高线地形图绘制地形剖面图。

地形剖面图是以等高线地形图为基础,按一定比例沿着地表某一方向所作的垂直断面图。它能更直观地显示垂直方向的地面的起伏、地势的变化和坡度的陡缓,还能形象地显示出一个地区的地形类型及其特征,所以常用于表示某处地貌状况与平整土地、修渠筑路等工程建设方面。

6.3.2.1　剖面类型

地形剖面图一般包括以下几种类型:
①剖面图:仅表示经垂直于地形平面的切割面后,剖面线上所呈现的物象。

图 6-24　北京奥林匹克森林公园地形设计(分布法)

②剖立面图:不仅标示出切割线的剖面,同时呈现剖切线后所见的种种物象。

③剖面透视图:不仅标示出切割线的剖面,还将此剖面后的景象以透视方式一同表现于图上。

6.3.2.2　绘制步骤

地形剖面图的绘制步骤具体如下:

①在等高线地形图上选择剖切位置,一般选择在景观做法有代表性和空间变化比较复杂的部位。

②确定剖面的水平比例尺和垂直比例尺。剖面图的水平比例尺一般与原图比例尺相同,起伏不明显时,垂直比例尺可扩大 5～20 倍。水平比例与垂直比例不同时,应在地形剖面图上同时标出这两种比例。

③把剖切线与等高线的各交点之间的水平距离,按水平比例尺转绘在水平坐标上,得到各对应点的纵垂线。在图上绘制的"水平线段"要与剖切线等长,以保持原图的水平比例尺不变。

④在纵坐标上引出各对应点海拔高度的水平线,确定与各对应点纵垂线的相交点,根据垂直比例尺等比放大绘制(图 6-25)。

⑤对照等高线地形图的地表形态,把最终确定的相交点用曲线连接起来,就得到了沿此剖切线的地形剖面线。

⑥除需要表示地形剖面线外,有时还需要表示地形剖断面后没有剖切到但又可见的内容,用地形轮廓线表示,也就是剖立面图。从剖切位置线与等高线的交点向等距平行线组作垂直线,与等距平行线组中相应的平行线相交,所得交点连线即为地形轮廓线,见图 6-26(a)。

⑦剖面图中还需绘制剖断面内或剖断面后的建(构)筑物、植物、山石、水体等在剖断面上的投影。被剖切到的景物需将剖切轮廓用粗实线表示。剖断面后的所有景物按其所在的平面位置和所处的高度定到地面上,然后作出这些树木的立面,并根据前挡后的原则擦除被挡住的图线,描绘出留下的图线,见图 6-26(b)。

⑧在图中做必要的注记,例如比例尺、景物名称、标高或高度等,即完成沿此剖切线的地形剖立面图(见图 6-27)。

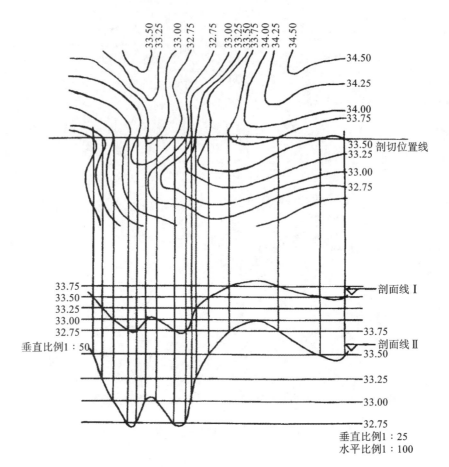

图 6-25 地形断面的垂直比例

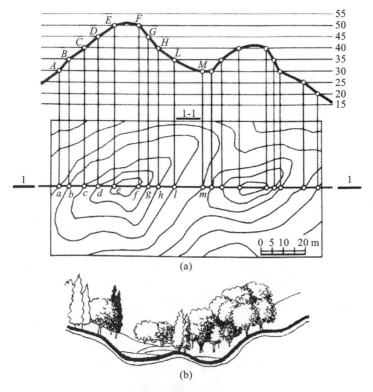

图 6-26 地形轮廓线及剖面图的作法

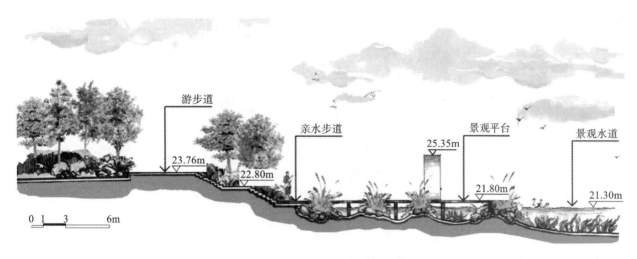

游步道

23.76m

22.80m

亲水步道

25.35m

景观平台

21.80m

景观水道

21.30m

0　1　3　　6m

图6-27　地形剖立面图

6.3.3　立体模型制作

立体模型是地形最直观有效的表现方式,既可以用传统的手工方式进行实体制作,还可以通过计算机相关软件进行三维建模。

6.3.3.1　手工地形模型制作

传统的手工模型是按照一定比例缩微的形体,是以立体的形态表达特定的创意,以真实性和整体性向人们展示一个多维的空间,同时对施工有良好的指导作用。但手工模型通常笨重、庞大,制作起来耗时耗资,也不易修改。

手工地形模型可以通过等高线或堆砌方法进行表现。等高线地形模型可通过等高线直观呈现地形环境,模型中可以表现地势高差、河流及植被覆盖。制作时,按照实际场地的等高线图,根据选定的比例进行制作,常用的材料有KT板、ABS板、PVC板、苯板(即泡沫塑料板)、卡纸或瓦楞纸板、有机玻璃板(即亚克力板)、各种木板(包括硬木板、软木板、密度板等)等。应按照模型比例选择板材的厚度,以表现等高线每阶所代表的高度(图6-28)。

采用堆砌方法制作的地形模型,通常选用石膏、黏土、花泥或废旧纸张进行夹胶来制作,也可用等高线法先堆叠出大致地形,再在其上进行填充、覆盖、着色、修饰等(图6-29)。

6.3.3.2　计算机三维模型建造

随着数字科技的进步,越来越多的制图软件可以进行三维模型的建造,常用的有3ds Max、SketchUp、Maya、Rhino、ZBrush、CINEMA 4D、Blender等,每个软件都有各自擅长的方向。在风景园林领域最常用的建模软件是3ds Max和SketchUp,配合一些地形生成插件可以生成直观的效果,快速有效地实现方案的直观化显示,在设计过程中起到了非常重要的作用(图6-30)。配合Lumion、VRay、光辉城市等后期渲染软件,还可生成效果图和漫游动画。

6.3.3.3　3D打印技术

3D打印技术是一种以数字模型文件为基础,运用粉末状金属或塑料等可黏合材料,通过逐层打印的方式来构造物体的技术。3D打印的设计过程是先通过计算机辅助设计(CAD)或计算机动画建模软件建模,再将建成的三维模型"分割"成逐层的截面,从而指导打印机逐层打印。打印机通过读取文件中的横截面信

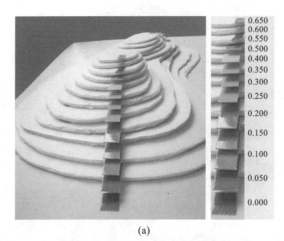

(a)

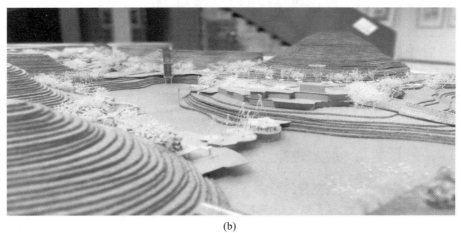

(b)

图 6-28　等高线地形模型示意图

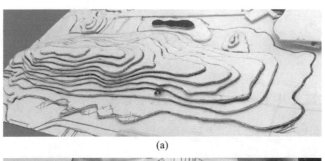

(a)

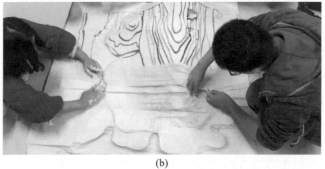

(b)

图 6-29　用堆砌方法进行地形模型的制作

(c)

(d)

续图 6-29

图 6-30   用 SketchUp 制作的地形示意图

息,用液体状、粉状或片状的材料将这些截面逐层打印出来,再将各层截面以各种方式黏合起来,从而制造出一个实体。这种技术的特点在于其几乎可以造出任何形状的物品。

随着 3D 打印技术日益完善,这项技术不仅可以打印小件物品,甚至可以颠覆传统的建筑行业。2013 年 1 月,荷兰建筑师简加普·鲁基森纳斯与意大利发明家恩里科·迪尼一同合作,打印出一些包含沙子和无机黏合剂的 6 m×9 m 的建筑框架,然后用纤维强化混凝土进行填充。2014 年 8 月,10 幢 3D 打印建筑在上海张江高新青浦园区内交付使用,作为当地动迁工程的办公用房。这些"打印"的建筑墙体是用建筑垃圾制成的特殊"油墨",按照电脑设计的图纸和方案,经一台大型 3D 打印机层层叠加喷绘而成的,10 幢小屋的建筑过程仅花费 24 小时(图 6-31)。2022 年 4 月 2 日,全国首家建筑 3D 打印示范区落户魏县,在贺祥社区举行奠基仪式。

3D 打印技术属于新一代绿色高端制造业,与智能机器人、人工智能并称实现数字化制造的三大关键技术,这项技术及其产业发展是全球正在兴起的新一轮数字化制造浪潮的重要基础。加快 3D 打印产业发展,有利于国家在全球科技创新和产业竞争中占领高地,进一步推动我国由"工业大国"向"工业强国"转变,促进创新型国家建设,加快创造性人才培养。

图 6-31　10 幢 3D 打印建筑在上海张江高新青浦园区内交付使用

Yuanlin Zhitu

7
园林要素表现技法

Yuanlin Zhitu

7.1
植物表现技法

7.1.1　植物的种类及特征

园林中的植物景观属于园林的重要组成内容之一(图 7-1)。园林植物景观是一种外加了人工化措施的植物群落景观,不仅是一种人为设计成果,也是植物与人密切关系的集中体现。

景观植物根据自然形态可分为乔木、灌木、藤本植物、草本植物和水生植物。

乔木:乔木是有明显直立的主干且高达 6 m 以上的木本植物。乔木由根部生出独立的主干,树干和树冠有非常明显的区别。乔木的整体形态对于园林植物空间影响最大,它是最直观的视觉形象因素。

灌木:无明显主干,植株一般比较低矮,基本不超过 6 m。

藤本植物:一种攀缘植物,按照藤本植物茎的质地,可以将其分为草质藤本和木质藤本两种。

草本植物:茎内的木质部不发达,含木质化细胞少,支持力弱,在植物景观中作为地被和草坪植物。

水生植物:长期或周期性在水中或湿地中正常生长的植物,细分为挺水植物、浮叶植物、沉水植物和漂浮植物。挺水植物为茎秆一部分在水中,一部分暴露在水面之上的水生植物。

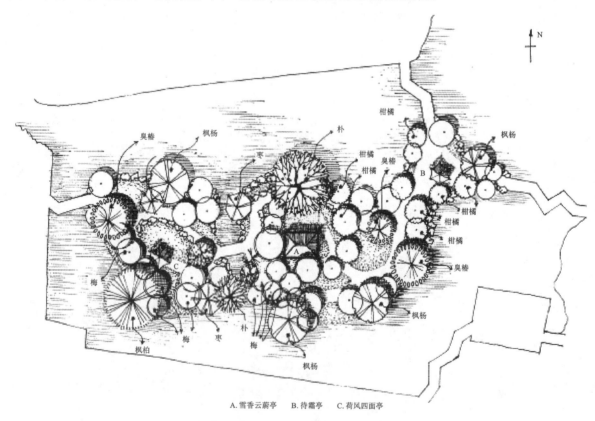

A.雪香云蔚亭　　B.待霜亭　　C.荷风四面亭

图 7-1　拙政园中的植物景观

7.1.2　植物的平面画法

7.1.2.1　乔木的表示方法

1. 乔木的平面表示

　　乔木的平面表示可以以树干位置为圆心、树冠平均半径为半径作出圆,再加以表现,其表现手法非常多,表现风格变化很大,见图7-2。

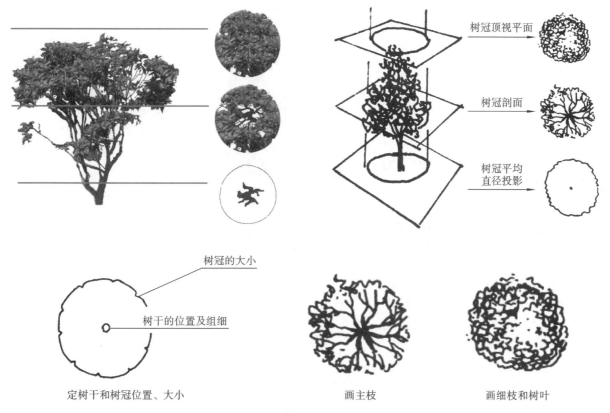

图 7-2　乔木的平面表示

　　根据不同的表现手法,可将乔木的平面表示划分成四种类型。

　　(1)轮廓型。

　　树木平面只用线条勾勒出轮廓,线条可粗可细,轮廓可光滑,也可带有缺口(图7-3)。

　　(2)分枝型。

　　根据树木的分枝特点,用线条表示树枝或分叉,常用于表示冬天整棵树木的顶视平面(图7-4)。

　　(3)质感型。

　　用线条的组合排列表示树冠的质感,常用于表示枝繁叶茂的树木的顶视平面(图7-5)。

　　(4)枝叶型。

　　既表示分枝又表示树冠,树冠可用轮廓法表示,也可以用质感法画出,常用于表示水平面剖切树冠后的树冠剖面。这种类型可以看作其他几种类型的组合(图7-6)。

　　尽管树木的种类可用名录详细说明,但常常仍用不同的表现形式表示不同类别的树木。例如,用分枝

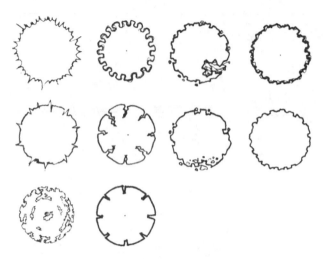

图 7-3　轮廓型

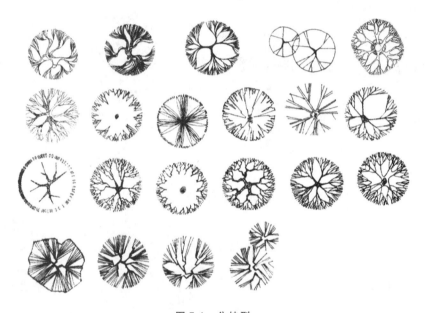

图 7-4　分枝型

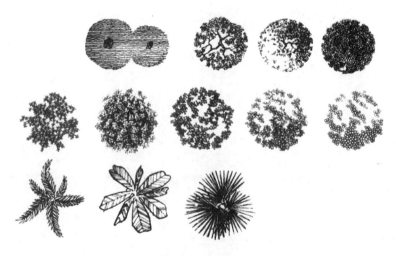

图 7-5　质感型

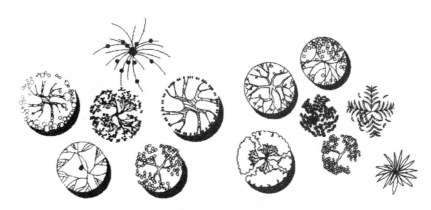

图 7-6　枝叶型

型表示落叶阔叶树,用加上斜线的轮廓型表示常绿树等。当各种表现形式着上不同的色彩时,就会具有更强的表现力。有些树木平面具有装饰图案的特点。当表示几株相连的相同树木的平面时应互相避让,使图面形成整体;当表示成群树木的平面时可连成一片;当表示成林树木的平面时可只勾勒林缘线。

针叶树平面图如图 7-7 所示。

图 7-7　针叶树平面图

阔叶树平面图如图 7-8 所示。

图 7-8　阔叶树平面图

树丛、树林的平面图如图 7-9、图 7-10 所示。

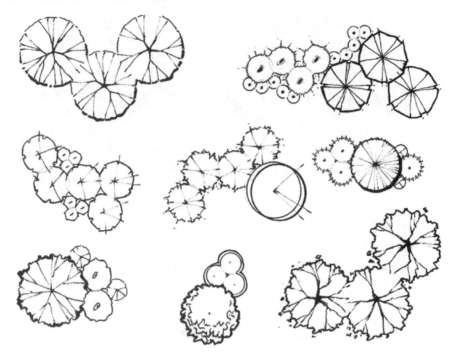

图 7-9　树丛平面图

图 7-10　大片树林平面图

2. 树冠的避让

为了使图面简洁清楚、避免遮挡,基地现状资料图、详图或施工图中的树木平面可用简单的轮廓线表示,有时甚至只用小圆圈标出树干的位置。在设计图中,当树冠下有花台、花坛、花境或水面、石块和竹丛等较低矮的设计内容时,树木平面也不应过于复杂,要注意避让,不要挡住下面的内容。但是,若只是为了表示整个树木群体的平面布置,则可以不考虑树冠的避让,应以强调树冠平面为主。见图 7-11。

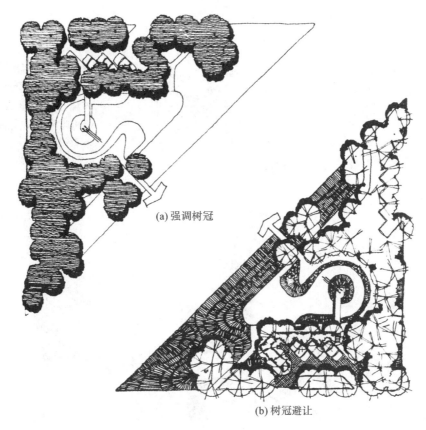

(a) 强调树冠

(b) 树冠避让

图 7-11　树冠平面图

3. 树木的平面落影

平面落影是树木平面重要的表现方法,它可以增强图面的对比效果,使图面明快、有生气。树木的平面落影与树冠的形状、光线的角度和地面条件有关,在园林图中常用落影圆表示,有时也可根据树形稍稍做些变化,如图 7-12 所示。

作树木平面落影的具体方法如下:先选定平面光线的方向,定出落影量,以等圆作树冠圆和落影圆,然后擦去树冠下的落影,将其余的落影涂黑,并加以表现。对不同条件的地面可采用不同的落影质感表现方式,见图 7-12(f)。

7.1.2.2　灌木的表示方法

灌木没有明显的主干,平面形状有曲有直。自然式栽植灌木丛的平面形状多不规则,修剪的灌木和绿篱的平面形状多为规则的或不规则但平滑的。灌木的平面表示方法与乔木类似,通常修剪的规整灌木可用轮廓型、分枝型或枝叶型表示,不规则形状的灌木平面宜用轮廓型和质感型表示,表示时以栽植范围为准。由于灌木通常丛生,没有明显的主干,因此灌木平面很少会与乔木平面相混淆。

灌木丛表示方法见图 7-13。

片植灌木的表示方法见图 7-14。

绿篱平面图见图 7-15。

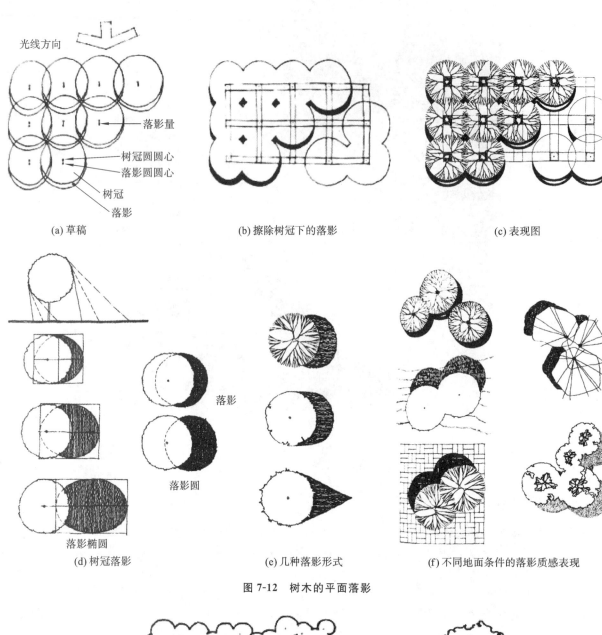

(a) 草稿

(b) 擦除树冠下的落影

(c) 表现图

(d) 树冠落影

(e) 几种落影形式

(f) 不同地面条件的落影质感表现

图 7-12 树木的平面落影

图 7-13 灌木丛表示方法

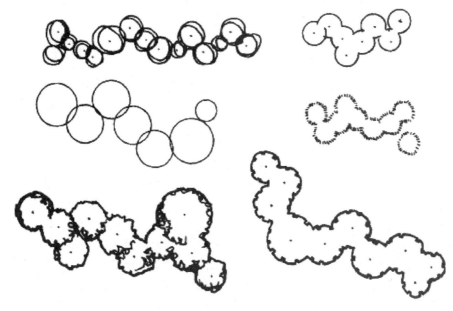

续图 7-13

图 7-14　片植灌木的表示方法

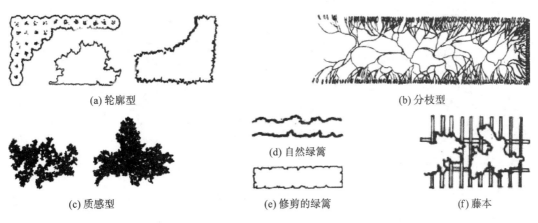

(a) 轮廓型　　　　　　　　　　(b) 分枝型

(c) 质感型　　　　(d) 自然绿篱　　　　(e) 修剪的绿篱　　　　(f) 藤本

图 7-15　绿篱平面图

7.1.2.3 草坪和地被的表示方法

1.草坪的表示方法

1)打点法

打点法是较简单的一种表示方法。用打点法画草坪时所打的点的大小应基本一致,无论疏密,点都要打得相对均匀,见图7-16(a)。

2)小短线法

将小短线排列成行,每行之间的间距相近,排列整齐的可用来表示草坪,排列不规整的可用来表示草地或管理粗放的草坪,见图7-16(b)。

3)线段排列法

线段排列法是最常用的草坪表示方法,要求线段排列整齐,行间有断断续续的重叠,也可稍许留些空白或行间留白,见图7-16(c)。另外,可用斜线排列表示草坪,排列方式可规则,也可随意。

除上述方法外,还可采用乱线法或 M 形线条排列法表示草坪。用小短线法或线段排列法等表示草坪时,应先用淡铅在图上作平行稿线,根据草坪的范围可选用 2～6 mm 间距的平行线组。若有地形等高线时,也可按上述间距标准,依地形的曲折方向勾绘稿线,并使得相邻等高线间的稿线分布均匀。最后,用小短线或线段排列起来即可。

 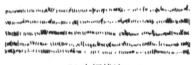 

(a)打点法   (b)小短线法   (c)线段排列法

图7-16 草坪的表示方法

2.地被的表示方法

地被宜采用轮廓勾勒和质感表现的形式。作图时应以地被栽植的范围为依据,用不规则的细线勾勒出地被的范围轮廓。

地被各项表示方法如图7-17 所示。

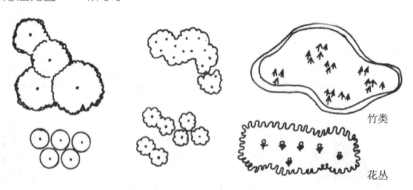

竹类

花丛

图7-17 地被各项表示方法

草坪和地被综合表示方法如图7-18 所示。

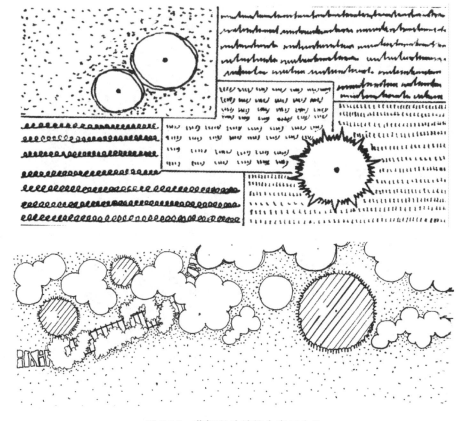

图 7-18   草坪和地被综合表示方法

7.1.3   植物的立面画法

1. 乔木的立面图绘制

乔木立面图的绘制可分以下几个步骤：

(1)绘出中心线和主干。

(2)从主干出发绘出大枝,再从大枝出发绘出小枝。

(3)从小枝出发绘出叶片,并铺排组合成树冠外轮廓。

(4)根据光影效果,表示出亮、暗、最暗的空间层次,加强树的立体感和远近树的空间距离。

乔木立面图如图 7-19 所示。

2. 灌木的立面图绘制

灌木立面图如图 7-20 所示。

3. 绿篱的立面图绘制

绿篱立面图如图 7-21 所示。

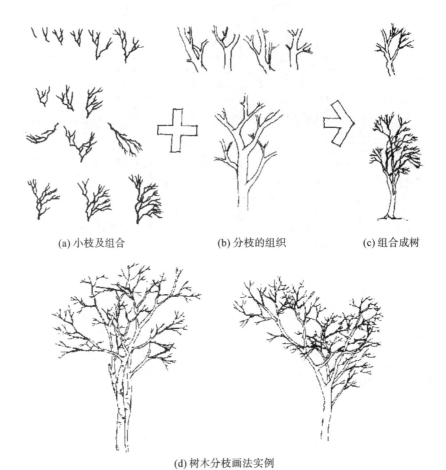

(a) 小枝及组合　　　　　(b) 分枝的组织　　　　　(c) 组合成树

(d) 树木分枝画法实例

图 7-19　乔木立面图绘制

图 7-20　灌木立面图绘制

续图 7-20

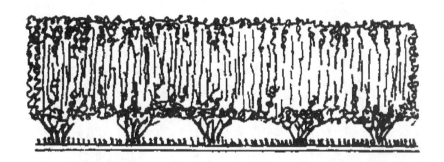

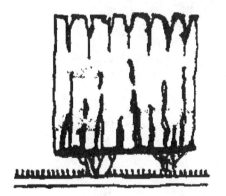 

图 7-21 绿篱立面图绘制

7.1.4 植物效果图的表现方法

画乔、灌木总的来讲有两种方法：一是明暗画法，以光影形式表达树的体积；二是以线造型，用线条来表现树的姿态。

1. 掌握正确的观察、分析方法

(1)确定树木的高宽比，画出四边形外框，若外出写生则可伸直手臂，用笔目测出大约的高宽比和干冠比。

（2）略去所有细节，只将整株树木作为一个简洁的平面图形，抓住主要特征修改轮廓，明确树木的枝干结构。

（3）分析树木的受光情况。

（4）选用合适的线条去体现树冠的质感和体积感、主干的质感和明暗，并用不同的笔法去表现远、中、近景中的树木。

2. 区分画面中处于近、中、远三个位置的树

在画中景、远景的树时，一般采用明暗画法，就是将树视为一个整体，按不同的树种将其归类分为柱形、锥形、伞形等基本形体，画出其在阳光下的效果，目的在于表现树的体积和整体树形。

在画近景的树时，一般中西画法兼用，以表现枝干穿插关系为主，表现要点如下：

（1）清楚表达枝、干、根各自的转折关系。

（2）画枝干上下多曲折，不要单用直笔。

（3）嫩枝、小树用笔可稍快且灵活；老树结构多，以曲折线表现苍老。

（4）用线要有节奏感。

（5）树分四枝，即一棵树应有前后左右四面伸展的枝梢，方有立体感。树分四枝当然不是指绘制时平均对待，只要懂得四面出枝的道理，即使只画三两枝，树也有四面感，树枝也有疏密感。

（6）整幅画表现技法应统一。

植物效果图表现方法如图 7-22 所示。

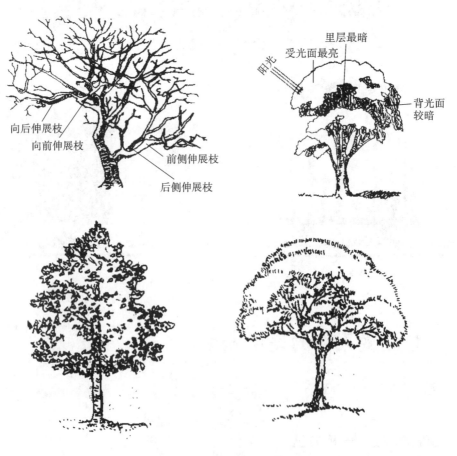

图 7-22 植物效果图表现方法

近景树
中景树
远景树

续图 7-22

7.2
山石表现技法

7.2.1　山石的种类和石质特点

（1）湖石——太湖石、房山石、英石、灵璧石、宣石等。

特点：纹理纵横，脉络起隐，面多坳坎，自然形成沟、缝、穴、洞等。

绘法要点：首先绘出自然曲折的轮廓线，再绘出随形体线条变化自然起伏的纹理，最后用深淡线点组织刻画大小不同的洞窝，表现出明暗对比。

（2）黄石。

特点：见棱见角，节理面近乎垂直，雄浑沉实，平正大方，块钝而棱锐，立体感强，具有强烈的光影效果。

绘法要点：用平直转折线表现块钝而棱锐的特点，用重线条或斜线加深，加强明暗对比，表现石头的质感和空间感。

（3）青石。

特点：有交叉互织的斜纹，但节理面不规整，纹理不一定相互垂直，形体多呈片状，有"青云片"之称。

绘法要点：着重注意该石头多层片状的特点，水平线要有力，侧面要用折线，石片层次要分明，搭配要错落有致。

（4）石笋——钟乳石笋、慧剑、锦川石、白果笋、乌炭笋等。

特点：外形修长如笋，表面有些纹眼嵌卵石，有些纹眼嵌空。

绘法要点：掌握好比例，以表现其修长之美，表面的细部纹理根据各种石笋的特点刻画。

常见的山石如图 7-23 所示。

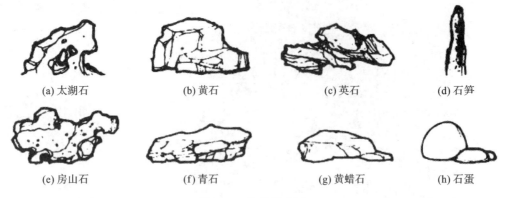

(a) 太湖石　　　　　(b) 黄石　　　　　(c) 英石　　　　　(d) 石笋

(e) 房山石　　　　　(f) 青石　　　　　(g) 黄蜡石　　　　　(h) 石蛋

图 7-23　常见的山石

7.2.2　山石的平面画法

山石平面图的绘制方法为：

(1)根据山石形状特点,用细实线绘出其几何体形状。

(2)用细实线切割或累叠出山石的基本轮廓。

(3)依据不同山石材料的质地、纹理特征,用细实线画出其石块面、纹理等细部特征。

(4)根据山石的形状特点、阴阳背向,依次描深各线条,其中外轮廓线用粗实线,石块面、纹理线用细实线绘制(见图 7-24)。

常见石材平面图绘制实例如图 7-25 所示。

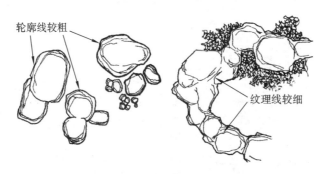

图 7-24　山石平面图绘制方法

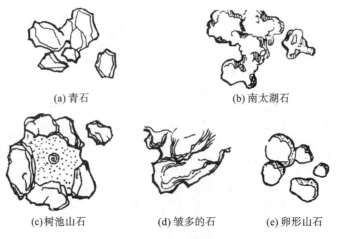

(a)青石　　　　　(b)南太湖石

(c)树池山石　　　(d)皱多的石　　　(e)卵形山石

图 7-25　常见山石平面图绘制示例

7.2.3　山石的立面画法

(1)用细实线绘出主体几何体形状。

(2)用细实线切割或累叠出山石的基本轮廓。

(3)根据形状特点、阴阳背向,"依廓加皱"描深线条。

(4)检查并完成全图。

山石立面图绘制方法见图7-26,绘制示例见图7-27。

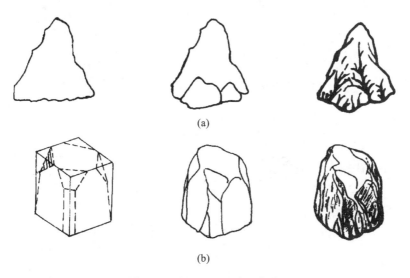

(a)

(b)

图 7-26　山石立面图绘制方法

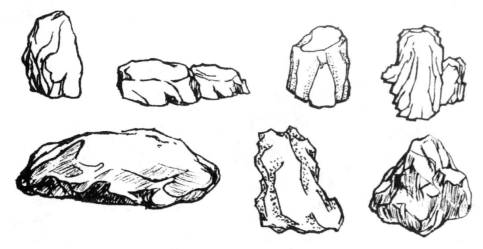

图 7-27　山石立面图绘制示例

园林名石立面图绘制如图7-28所示。

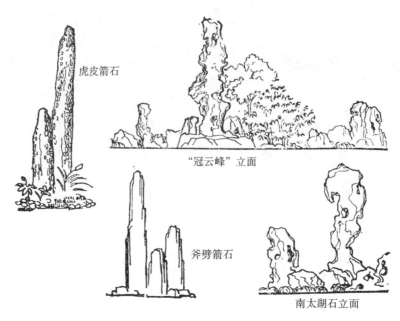

图 7-28　园林名石立面图绘制

7.2.4　山石的剖面画法

山石剖面图的画法与立面图基本一致,见图 7-29。

(a) 山石立面图的画法

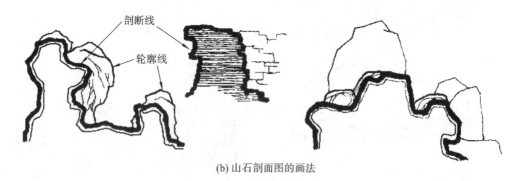

(b) 山石剖面图的画法

图 7-29　山石立面图和剖面图绘制示例

7.2.5　山石效果图的表现方法

绘制山石时,要注意以下三点:
(1)要分面刻画,面与面之间要明显,线条要干脆利落。

（2）画石头的时候，"明暗交界线"既是交代石头的转折面，也是刻画的重点。

（3）注意留出反光，也就是在刻画暗部时，反光面应减少用线。用线条表现这些石头时，要注意线条的排列方式应与石块的纹理、明暗关系一致。石头的形态表现要圆中透硬，在石头下面加少量草地，以衬托着地效果。

石头不适合单独配置，通常是成组出现的，要注意石头大小相配的群组关系。在平时的练习中，可以借鉴国画的画石方法，使石头简洁、概括而又有神韵。除了石头外，石山也是山石景物中常常描绘的对象。石山主要分为自然石山和人工石山，除了形态上的差别外，表现手法和石头的画法是一样的。

山石效果图绘制步骤见图 7-30，绘制示例见图 7-31。

图 7-30 山石效果图绘制步骤

图 7-31 山石效果图绘制示例

7.3
水体表现技法

7.3.1　水体的种类和特点

1.静态水体

静态水体指水面呈相对静止状态的水体,如水池、湖泊、池塘等(见图7-32)。

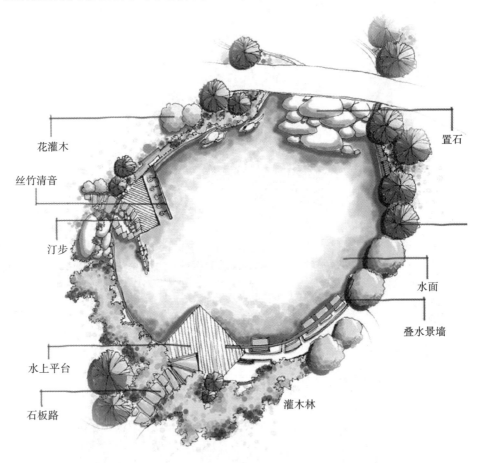

花灌木

置石

丝竹清音

汀步

水面

叠水景墙

水上平台

灌木林

石板路

图 7-32　静态水体

2.动态水体

动态水体是指水流动性较强的水体,如溪流、河流、跌水、叠泉、瀑布等(见图7-33)。

图 7-33　动态水体

7.3.2　水体的平面画法

水体的平面表示方法(即水面表示法)可分为直接表示法和间接表示法(见图 7-34),具体如下。

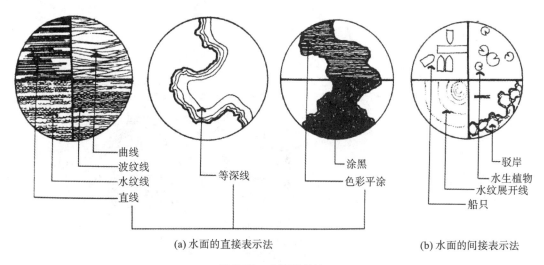

(a) 水面的直接表示法　　　　　　　　　　　　(b) 水面的间接表示法

图 7-34　水面表示法

(1)线条法:用工具或徒手排列平行线条,可均匀布满,也可以局部留白,或只画局部线条。线条可采用波纹线、水纹线、直线或曲线(图 7-35)。

(2)等深线法:依岸线的曲折作两三根类似等高线的闭合曲线,多用于形状不规则的水面(图 7-36)。

(3)平涂法:用水彩或墨水平涂(图 7-37)。

(4)添景物法:利用水生植物、水上活动工具、码头和驳岸、露出水面的石块、水纹等表示水面(图 7-38)。

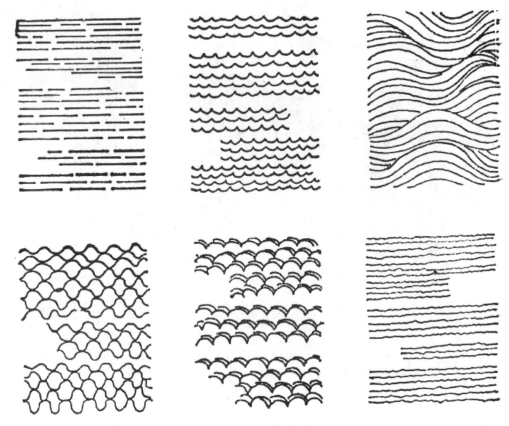

图 7-35　线条法绘制水面

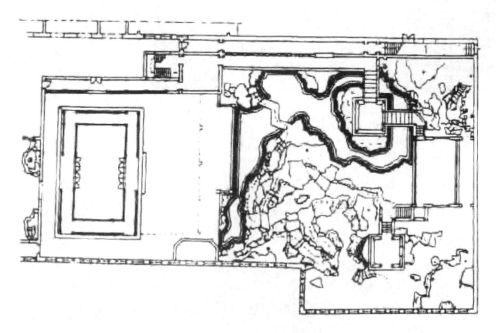

图 7-36　等深线法绘制水面

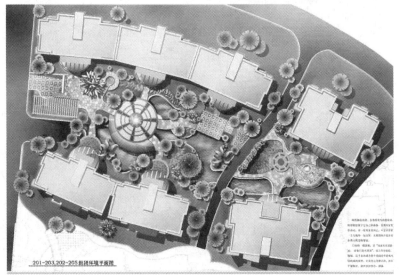

图 7-37　平涂法绘制水面

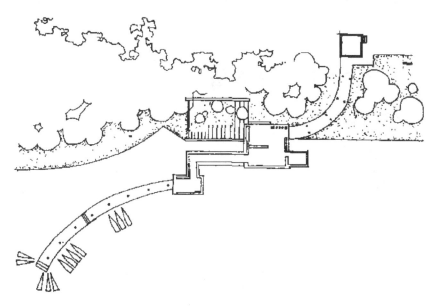

图 7-38　添景物法绘制水面

7.3.3 水体的立面画法

在立面上,水体可采用线条法表示。

线条法是用细实线或虚线勾画出水体造型的一种水体立面表示方法,在工程设计图中使用得较多。用线条法作图时必须注意:

(1)线条方向与水体流动的方向要保持一致;

(2)水体造型要清晰,但要防止轮廓线过于生硬呆板。

水体立面图绘制示例见图 7-39。

图 7-39 水体立面图绘制示例

7.3.4 水体效果图的表现方法

在效果图上,水体可采用留白法、光影法、添景物法等表示。

1. 留白法

留白法就是将水体的背景或配景画暗,从而衬托出水体造型的表现手法。留白法常用于表现所处环境复杂的水体,且能表现出水体的洁白与光亮(图 7-40)。

2. 光影法

用线条和色块综合表现出水体的轮廓和阴影的方法叫光影法(图 7-41)。

3. 添景物法

添景物法是利用与水体有关的一些内容表示水体的一种方法(图 7-42)。

图 7-40　留白法绘制水体效果图

图 7-41　光影法绘制水体效果图

图 7-42　添景物法绘制水体效果图

7.3.5　水体的驳岸绘制

水面的立面表示需要结合水体的驳岸形式来进行。

驳岸有自然式驳岸和规整式驳岸两大类型(图 7-43)。

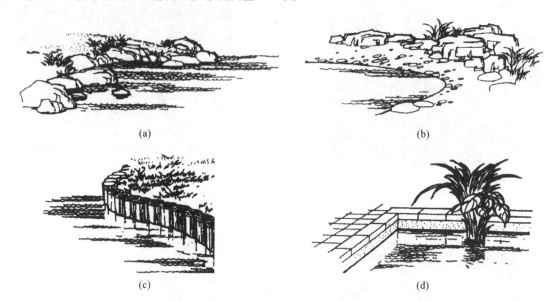

(a)　(b)　(c)　(d)

图 7-43　水体驳岸绘制

Yuanlin Zhitu

8

园林施工图设计

园林设计一般分为三个阶段：方案设计阶段、初步设计阶段和施工图设计阶段。比较复杂或者技术要求比较高的园林工程，还可在初步设计阶段和施工图设计阶段之间增加扩大初步设计阶段或施工图方案设计阶段。

方案设计是根据项目总体规划或城市区域规划对具体地域范围所做的设计，通过对工程的自然现状和社会条件进行分析，确定工程的性质、功能、容量、内容、风格和特色等。方案应满足编制初步设计文件、项目审批及编制工程估算的需要。方案设计经政府相关部门审批通过、建设方认可后，进入初步设计阶段。初步设计是根据审批意见和建设方意见对方案进行调整修改，进行进一步的深入设计。初步设计是进行主要设备材料订货、征用土地、建设场地施工准备和编制施工图及基本建设计划的依据。初步设计经审批通过后，便进入施工图设计阶段。这一阶段的工作主要是关于施工图的设计及制作，通过设计好的图纸，把设计者的意图和全部设计结果表达出来，作为施工制作的依据。施工图是设计和施工工作开展的桥梁，也需经相关部门审批后方可使用。

8.1
施工图设计文件内容

施工图设计文件内容包括图纸目录、设计说明、设计图纸、套用图纸和通用图，以及合同要求的工程预算书。图纸目录、设计说明、设计图纸按设计专业分别编写，套用图纸和通用图按设计专业汇编，也可并入设计图纸。

各专业、专项总平面图上应标注图纸比例、指北针或风玫瑰图、坐标网、图例及注释，符合《总图制图标准》（GB／T 50103—2010）的规定。经设计单位审核和加盖图章的设计文件才能作为正式设计文件交付使用。

施工图的图幅、图线、符号、标注等制图规范详见本书第 2 章"制图基本知识"及第 5 章 5.5"园林建筑施工图"。

8.2
施工图文字部分

施工图文字部分主要包括图纸目录和设计说明。

8.2.1　图纸目录

图纸目录说明工程由哪些专业图纸组成，是展示施工图集中包含的图纸名称、图纸数量等信息的表格，其目的在于方便图纸的归档、查阅及修改，是施工图纸的明细和索引。图纸目录应分专业编写，园林、结构、给排水、电气等专业应分别编制自己的图纸目录，但若结构、给排水、电气等专业图纸量太少，也可与园林专业图纸并列一个图纸目录，成为一套图纸。

8.2.1.1　图纸目录设计要点

①图纸目录应排列在一套施工图纸的最前面,且不编入图纸的序号中,通常以列表的形式表达。图纸目录一般为 A4、A3 图幅,或根据实际情况与其他图纸图幅相同。

②图纸目录的格式可按各设计单位的格式编制,一般图纸目录由序号、图号、图纸名称、图幅、备注等内容组成,有的还有修改版本号和出图日期统计等。

③序号应从"1"开始编号,直到全套施工图纸的最后一张,不得空缺和重复,从最后一个序号数可知全套图纸的总张数。

④一套完整的施工图图纸需要有整齐有序的目录图号汇编。不同的设计单位对图号的设计不同,一般图号由"图纸专业缩写编号+本专业图纸编号"组成,如果项目包含分区设计,则在图号中会加入分区编号。例如:图号"LP-A-02"中,"LP"是园林施工设计平面图(landscape plans)的英文缩写,"A"表示项目的 A 区,"02"表示 A 区园林施工设计平面图中的第二张图。

常用的专业编号有:YS——园施(园建施工图)、JS——结施(结构施工图)、LS——绿施(绿化施工图)、SS——水施(给排水施工图)、DS——电施(电气施工图)、BZ——标准施工图、SM——设计说明。

有的设计单位将园建施工图细分为总图施工设计和详图施工设计,分别进行编号,"LP"表示园建总图(landscape plan),"LD"表示园建详图(landscape detail)。

⑤图纸命名时,尽量用方案设计时取的名称,一方面与方案设计有连续性,另一方面有助于设计师在进行施工图设计时忠实于原设计,且命名要尽量具体。全套施工图纸中不允许有同名图纸出现,如果项目中有相同的景观元素,则可根据其材料、特征或功能对其进行命名,如 A 区圆形花池、A 区方形花池等。

⑥图纸修改可以以版本号区分,每次修改必须在修改处做出标记,并注明版本号。施工图第一次出图版本号为 0,第二次修改图版本号为 1,第三次修改图版本号为 2,依此类推。

⑦图纸目录中的图号、图纸名称应该与其对应施工图纸中的图号、图纸名称相一致,以免混乱,影响识图。

8.2.1.2　图纸目录实例

图纸目录实例见图 8-1。

8.2.2　设计说明

设计说明是对本设计项目的概况和设计意图进行叙述,对施工图中无法表达清楚的内容用文字加以详细说明,它是施工图设计的纲要,不仅对设计本身起着指导和控制的作用,更为施工、监理、建设单位了解设计意图提供了重要依据。设计说明的内容包括工程概况、设计依据、设计范围、设计技术说明、竖向设计、安全措施、材料及构造措施、其他杂项。具体实例见图 8-2。

图纸目录（一）

工程名称	东省某小区示范区景观工程			设计编号		
版　号	1.0	日　期	202X.XX.XX	专　业	风景园林	
序号	图　纸　名　称	图号	景观专业	图幅	备注	
01	封面					
02	目录					
03		LP-01		A2		
04		LP-02		A1		
05		LP-03		A1		
06		LP-04		A1		
07		LP-05		A1		
08		LP-06		A1		
09		LP-07		A1		
10		LP-08		A1		
11		TC-1		A2		
12		TC-2		A2		
13		TC-3		A2		
14		LD-1		A2		
15		LD-1.1		A2		
16		LD-1.2		A2		
17		LD-1.3		A2		
18		LD-1.4		A2		
19		LD-1.5		A2		
20		LD-1.6		A2		
21		LD-1.7		A2		
22		LD-2		A2		
23		LD-3		A2		
24		LD-3.1		A2		
25		LD-3.2		A2		
26		LD-3.3		A2		
27		LD-4		A2		

图纸目录（二）

工程名称	东省某小区示范区景观工程			设计编号		
版　号	1.0	日　期	202X.XX.XX	专　业	风景园林	
序号	图　纸　名　称	图号	景观专业	图幅	备注	
28		LD-4.1		A2		
29		LD-4.2		A2		
30		LD-4.3		A2		
31		LD-4.4		A2		
32		LD-4.5		A2		
33		LD-4.6		A2		
34		LD-4.7		A2		
35		LD-4.8		A2		
36		LD-5		A2		
37		LD-6		A2		
38		LD-7		A2		
39		LD-8		A1		
40		LD-9		A2		
41		LD-10		A2		
42		LD-11		A2		
43		LD-12		A2		
44		LD-12.1		A2		
45		LD-12.2		A2		
46		LD-12.3		A2		
47		LD-13		A2		
48		LD-13.1		A2		
49		LS-0'		A2		
50		LS-02		A2		
51		LS-03		A1		
52		LS-04		A1		
53		LS-05		A1		
54		DS-01		A2		
55		DS-02		A2		

图纸目录（三）

工程名称	东省某小区示范区景观工程			设计编号		
版　号	1.0	日　期	202X.XX.XX	专　业	风景园林	
序号	图　纸　名　称	图号	景观专业	图幅	备注	
56		DS-03		A1		
57		SS-01		A2		
58		SS-02		A1		
59		SS-03		A2		
60		SS-04		A2		
61		SS-05		A2		
62		JS-01		A2		
63		JS-02		A2		
64		JS-03		A2		
65		JS-04		A2		
66		JS-05		A2		
67		JS-06		A2		
68		JS-07		A2		
69		JS-08		A2		
70		LN-1		A2		
71		LN-2		A2		
72		LN-2.1		A1		
73		LN-3		A1		

图 8-1　图纸目录

一、工程概况

1.1. 工程名称：东营某小区示范区景观工程

1.2. 建设单位：东营某房地产开发有限公司

1.3. 建设位置：东营市

1.4. 用地面积：本次示范区景观设计面积约为3388平方米

1.5. 图纸分为总图(IP-)，详图(LD-)两部分其中"①"代表索引图号。

1.6. 标高图例：

TW0.00　　完成面标高
▽
BL0.00
WL 0.00　　墙顶标高
▽
FF0.00　　室内标高

i=0.5%　　排水方向及坡度

二、设计依据

2.1. 国家及本地区现行的有关规范、规程、规定。

2.2. 甲方与乙方签定的本工程设计合同。

2.3. 甲方认可的景观设计方案文件。

2.4. 甲方提供相关建筑施工图设计资料。

三、设计内容、范围

3.1. 东营新城吾悦首府示范区景观工程设计范围线内。

四、设计技术说明

4.1. 本工程总平图与分区平面图、分区整体剖面图设计标高采用绝对标高值，园建单体及立、剖设计采用相对标高值；其±0.00相对绝对标高值，详见各图中附注。

4.2. 本工程设计中除标高以米(m)为单位外，其余尺寸均以毫米(mm)为单位。

4.3. 本工程设计中如无特殊指明，所示标高均为完成面标高；总平面图、分区平面图中定位、竖向与详图有细小出入时，应以详图为准。

4.4. 本工程设计中所注材料配合比除注明重量比外，其余均为体积比。

4.5. 其他相关专业（结构、水、电等）的配合，应于室外环境工程施工前由甲方负责组织相关专业施工图设计，经本设计单位会签通过后方可施工。

4.6. 本工程所用的各类设备(给排水、机电等)应在本工程室外环境工程施工之前由甲方负责组织相关的设备技术施工图，经本设计单位会签通过后，由厂家或安装单位派专人赴现场配合室外环境工程施工。

4.7. 设计选用新型材料产品时，其产品的质量和性能必须经过检测符合国家标准后方可采用，并由生产厂家负责指导施工，以保证施工质量。

五、竖向设计

5.1. 施工方应于施工前对照相关专业施工图纸，粗略核实相应的场地标高，并将有疑问及与施工现场相矛盾之处提请设计师注意，以便在施工前解决此类问题。

5.2. 对于车行道路面标高、道路断面设计、室外管线综合系统等均应参照建施总平面图的设计，施工方应于施工前对照建施总平面图核实本工程竖向设计平面图中注明的竖向设计信息。

5.3. 路面排水，场地排水，种植区排水，穿孔排水管线等的布置与设计均应与室外雨水系统相连接，并应与建施总平面图密切配合使用。

5.4. 施工前施工方应与业主协调建筑出入口处的室内外高差关系，并知会设计师以便协调室外场地竖向关系。

六、安全措施

本工程所有设计均应满足国家及地方现行的有关工程与建筑设计的各类规范、规定及标准。

七、室外工程材料及构造措施

7.1. 广场地面：

7.1.1. 当消防车道或消防登高场地穿越广场或铺地时，消防区域两侧未设车挡标识其道路范围的，该广场及铺地的基层做法应全部统一按消防车道基层做法实施。

7.1.2. 地面垫层应铺设在均匀密实的基土上，耕土和淤泥必须挖除后用素土或灰土分层夯实。当地基土质较差时，可用碎石、卵石或碎砖等夯入土中，以加强基土。对软弱地基的利用或处理，可参照"工业与民用建筑地基基础设计规范"办理。

7.1.3. 各类地面基层厚度选定除应考虑地面荷载、压实填土地基变形模量E0外，对于有腐蚀性介质作用的地面或面层设计质量有较高要求，以及地面面积较大时，均宜采用150厚C20混凝土垫层。

7.1.4. 各类地面地基为素土夯实，其垫层下填土的压实系数(土的控制干容重与最大干容重的比值)不小于0.93。所有铺装材料必须完整，无破损、裂缝以及缺角。

所有同一品种石块必须由同一供货地统一一批次供货。天然石面材安装前，应进行品种、颜色分类选配后，按设计要求铺贴。材料完成面如有水泥等污染，经清洁后发觉原材料的色彩被漂白或者侵蚀，则必须更换。铺装依施工放线而定，所有曲线需按方格网放线以保证曲线流畅。

定线需以硬质铺装区域中心点位为放线起始点，以尽可能少地切割铺块材料为标准。广场地面铺装应设置假缩缝，面层连续，混凝土基层设缝，纵向、横向缩缝间距不大于6m。

图8-2　景观施工图设计说明

7.1.5. 各类地面的地基为素土夯实，其垫层下填土的压实系数(土的控制干容重与最大干容重的比值)不小于0.93。

7.1.6. 所有铺装材料必须完整，无破损、裂缝以及缺角现象。所有同一品种铺装必须由同一供货地统一批次供货。天然石面材安装前，应进行品种、颜色分类选配后，按设计要求贴铺。材料完成面如有水泥等污染，经清洁后发觉原材料的色彩被漂白或者侵蚀，则必须更换材料。

7.1.7. 铺装依施工放线而定，所有曲线需按方格网放线以保证曲线流畅，自然。定线需以硬质铺装区域中心点位为放线起始点，以尽可能少地切割铺块材料为标准，广场地面铺装应设置假缩缝，面层连续，混凝土基层设缝，纵向、横向缩缝间距不大于6m。

7.2. 道路、台阶、坡道：

7.2.1. 室外坡道其坡高与坡长之比不宜大于1∶10,供轮椅使用的坡道不宜大于1∶12。

7.2.2. 混凝土路面纵、横向缩缝间距6m，以混凝土暗缝处理，做法详见通用图。

7.2.3. 路面宽度、坡度及道牙、排水口等均见单项工程设计处理。

7.2.4. 台阶或坡道下回填土须分层夯实。

7.2.5. 台阶或坡道平台与外墙面之间须设变形缝，缝宽20mm。灌建筑嵌缝油膏，深50mm。

7.2.6. 无障碍坡道坡度不得大于1∶12,宽度不得小于1.2m。

7.2.7. 路缘石在消防等高面或隐性消防通道范围内，将路缘侧石降为平石，保证消防车辆的顺利通过和停靠。

7.3. 排水沟、井盖：

7.3.1. 排水沟如遇填土，沟底C20混凝土垫层下应加铺50-70碎石一层夯入土中。

7.3.2. 排水沟纵向坡度为0.5%。

7.3.3. 排水沟与勒脚交接处设变形缝，缝宽20mm灌建筑嵌缝油膏，深50mm。

7.3.4. 每30～40m设变形缝，缝宽20mm灌建筑嵌缝油膏。

7.3.5. 现场应协调，避免出现井盖位置一半处于硬地上，一半处于软景上的情况。

7.4. 基础：

7.4.1. 埋置深度：基础应置于坚实土层之上，凡标高达不到设计要求时应抛垫碎石分层夯实；重要建筑基础应预先构筑。

7.4.2. 地形变化：当地形变化较大时，基础标高相应变化，长型建筑物如走廊、围墙、栏干、挡土墙等的条形基础应做成台阶型，其长度及高度比控制在2∶1之内。

7.4.3. 地基变化：当发现建筑物、水池、广场处于不同地基情况，如自然土壤和防空洞，地下车库之上时，应通知设计单位设计变形缝，或加强上部整体刚度。

7.5. 材料说明：

7.5.1. 本设计所有砖砌体均采用混凝土砖，强度等级为MU≥10,其中景墙采用混凝土多孔砖，挡土墙采用混凝土实心砖；砂浆采用水泥砂浆，强度等级为M5。

7.5.2. 所有砖构筑物均设墙身防潮，做法为20厚1∶2水泥砂浆，掺5%防水粉。

7.5.3. 在墙面、地面、顶棚上固定各种设备、管线支架、建筑配件以及建筑装修的固定件，凡有条件均应采用钢制膨胀螺栓、塑料胀管、射钉等安装构件以代替在混凝土或砖墙中预埋件等做法，固定构件按其允许荷载、规格等有关技术参数选用。

7.5.4. 电焊条选用E4315的手工电弧焊条型号。所有构件的焊缝高度均为8mm焊缝长。

7.5.5. 所有金属构件焊接节点应达到相应的强度要求，焊接缝必须经过磨后，才能按设计需要处理完成面。

7.5.6. 钢结构材料采用Q235(即A3)钢材，钢材要求具有标准强度，伸长率，屈服强度及硫、磷含量的合格保证书，以及碳含量保证书，符合GB700-88结构钢技术条件，须经过防锈处理后方可使用。如未作特殊说明，均为热镀锌防锈。

7.5.7. 除锈采用钢刷清除构件表面的毛刺、铁锈、油污及附着在构件表面的杂物。

7.5.8. 油漆采用硼砚酚醛防锈漆打底，酚醛磁漆二度。特色重要金属构件如无特殊说明均采用烤漆工艺。

八、变更说明：

8.1. 施工队应严格按图施工，若有改动，应征得设计方和甲方的共同认可，由设计方出具设计修改通知，或由施工方提出相应的现场变更意见书由设计方及甲方核对，认可后做出变更。

8.2. 甲方、设计方、施工方应加强交流沟通，确保工程质量。

8.3. 各工种施工配合按照国家相关规范进行。

九、备注：

9.1. 本说明中未述及的内容如有疑问，应及时与设计方联系，共同协商解决。

9.2. 本套图纸中图纸以说明为准，小样图以大样图为准，大样图以详图为准。

9.3. 各项施工图均应按照国家相关标准进行施工，达到国家验收规范的要求。

9.4. 所有重要灯具、设备、物料的选购均应获得甲方和设计方的书面认可后方能进行安装施工。

9.5. 本图纸中所含内容只能在本项图纸所规定之范围内采用施工，不得另做他用。

9.6. 国家规范如与当地规范冲突，以当地规范为准。

续图 8-2

8.3
施工图总图部分

　　施工图总图部分是表达新建园林景观的位置、平面形状、名称、标高以及周围环境的基本情况的水平投影图,是园林景观施工图重要的组成部分,主要表达定性、定位等宏观设计方面的问题,它是反映园林工程总体设计意图的主要图纸,也是绘制其他专业图纸和施工详图的重要依据。

　　施工图总图设计主要包含总平面图、定位平面图、竖向平面图、铺装平面图、索引平面图及设施小品布置平面图。

8.3.1　总平面图

　　景观总平面图的常用比例为1:300~1:1000。小游园、庭院、屋顶花园等面积较小,可选用1:200或更大的比例绘制。总平面图应包括以下内容:

　　①以粗虚线标注出设计场地范围红线,以细点画线标注出建筑红线,与场地设计相关的周围道路红线等也一并标注。

　　②场地中建筑物、构筑物、出入口、围墙的位置及建筑物的编号。建(构)筑物在总平面图中采用粗实线表达其轮廓线;场地内地下建筑物位置、轮廓以粗虚线表示;小品中的花架及亭廊等应采用顶平面图在总平面图中示意。

　　③场地内需保护的文物、古树名木的名称、保护级别、保护范围。

　　④场地内机动车道路系统及对外车行、人行出入口位置;停车场的位置;绿化、小品、道路及广场的位置示意;当有地下车库时,地下车库位置应用中粗虚线表示。

　　⑤绿地、水体、广场、小品、构筑物等均需在总平面图中标注名称,如PA表示绿地,WA表示水体等。

　　⑥广场、活动场地的铺装在总平面图中可不表示,只需表示外轮廓范围或大尺度的图案划分,详细的铺装纹样在铺装平面图中表示。

　　⑦地形等高线的位置需在总平面图中示意,详细的标高在竖向布置图中表示。

　　⑧相关图例、图纸说明、指北针或风玫瑰图、绘图比例等。

　　具体实例见图8-3。

8.3.2　定位平面图

　　定位平面图又称放线图,它是以尺寸标注、坐标标注和施工网格来标明场地中的道路、广场、园林建筑、小品等相对于某固定基点的定位关系、控制尺寸及相互位置关系的图形。当图形复杂时,往往把坐标定位图、尺寸定位图和施工网格图分开表达。但一般情况下仅绘制两张定位平面图,分别为尺寸定位平面图(见图8-4)和坐标网格定位平面图(见图8-5)。

　　尺寸定位主要是标注景观中重要控制点、景观元素与已建建筑物的关系。一般来说,建筑物施工都在景观施工之前,所以在绘制景观尺寸定位图时,可利用已建建筑的定位和坐标点来绘制,其标注方式与建筑施工图标注一样。尺寸标注分为定位标注、定形标注和总体标注。定位标注明确了设计对象在建设用地范围内的施工位置,定形标注规定了设计对象的尺寸大小,总体标注让人对设计对象的尺度一目了然。总图的尺寸定位以能够清楚表达大的空间关系为主要目的,能够在分图里详细标注的不需要在总图上表示。

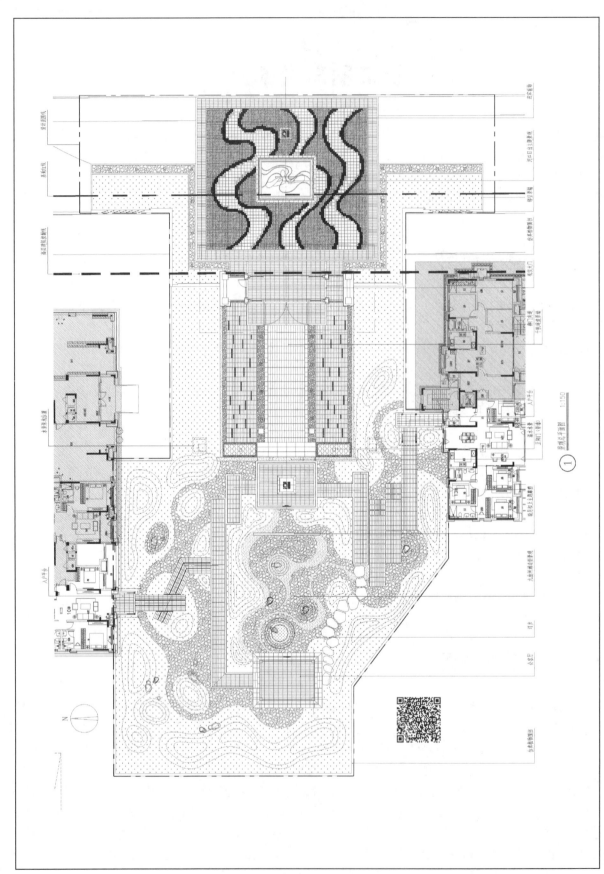

图 8-3　景观总平面图

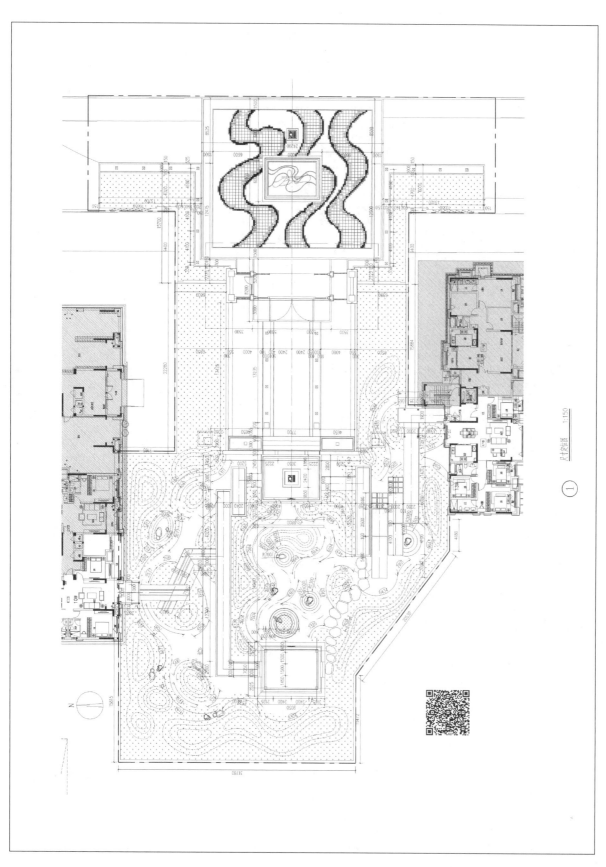

图 8-4　尺寸定位平面图

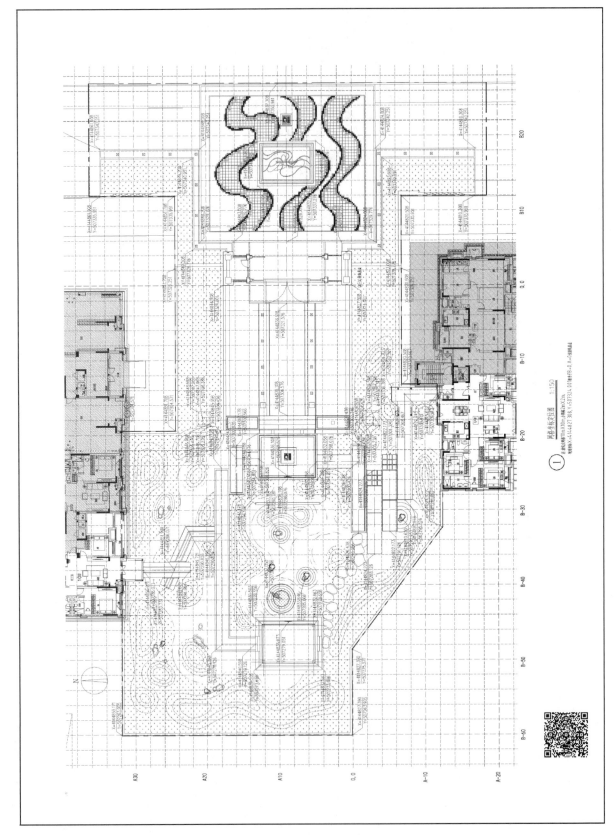

图 8-5　坐标网格定位平面图

对于无法用相对尺寸定位的景观元素,可以通过坐标标注进行定位。坐标分为测量坐标和施工坐标。测量坐标为绝对坐标,所属坐标系为场地所在的城市坐标系,测量坐标网应画成交叉十字线,坐标代号用(x,y)表示。施工坐标为相对坐标,相对零点通常选用已有建筑物的角点或者道路的交叉点,为区别于绝对坐标,施工坐标代号用(A,B)表示。

施工网格主要是通过垂直、平行线组成的十字网格来确定平面图形的方位。可以把场地中固定不变的一个标志点作为定位基准点,该点通常与施工坐标原点重合。每条网格线之间的间距为固定值,根据实际面积的大小及其图形的复杂程度,一般为 20～50 m,对于面积较小的场地也可采用 5 m×5 m 或 10 m×10 m 的方格网。通常可将坐标定位和施工网格绘制在同一张图纸上,注意采用相同的坐标系统。

8.3.3　竖向平面图

竖向平面图是在总平面图的基础上,借助标注高程的方法,表示地形在竖直方向上的变化情况及各造园要素之间的位置关系。它主要表现地形、地貌、建(构)筑物、水体、小品和道路系统的高程变化。

竖向平面图中的标高可标注绝对标高或相对标高。我国常用的绝对标高体系为黄海高程体系,标高单位为米,数值取至小数点后两位。相对标高一般以与场地相关的建筑物底层、场地上车行道路中心线交叉点或场地起点的标高点为竖向设计高程±0.00 点。

竖向平面图应包含以下内容:

①场地设计前的原地形图,一般甲方会连同设计任务书一同提供。原地形图是竖向设计的图底和依据,一般以极细线表达。

②场地四邻的道路、铁路、河渠和地面等的关键性标高。道路标高为中心线控制标高,尤其是与本场地入口相接处的标高。

③建筑一层±0.00 地面标高相应的绝对标高、室外地面设计标高,建筑出入口与室外地面要注意标高的平顺衔接。构筑物标注其有代表性的标高,并用文字注明标高所指的位置。

④道路、排水沟的起点、变坡点、转折点、终点的设计标高(路面中心和排水沟沟顶及沟底),两控制点间的纵坡度、纵坡距、纵坡向,道路标明双坡面、单坡面、立道牙或平道牙,必要时标明道路平曲线和竖曲线要素。

⑤广场、停车场、运动场地的设计标高及坡向、坡度。场地平整标注其控制位置标高,铺砌场地标注其铺砌面标高。

⑥水体的常水位、最高水位与最低水位、水底标高等;挡土墙、护坡土坎、水体驳岸的顶部和底部的设计标高和坡度。

⑦人工地形如山体和水体标明等高线、等深线或控制点标高,地形的汇水线和分水线。绿地中如有地形塑造,应用等高线表达。

⑧重点地区、坡度变化复杂的地段要绘制其地形断面图,并标注标高、比例尺等。

⑨指北针、图例、比例、文字说明、图名。文字说明中应该包括标注单位、绘图比例、高程系统的名称、补充图例等。

具体实例见图 8-6。

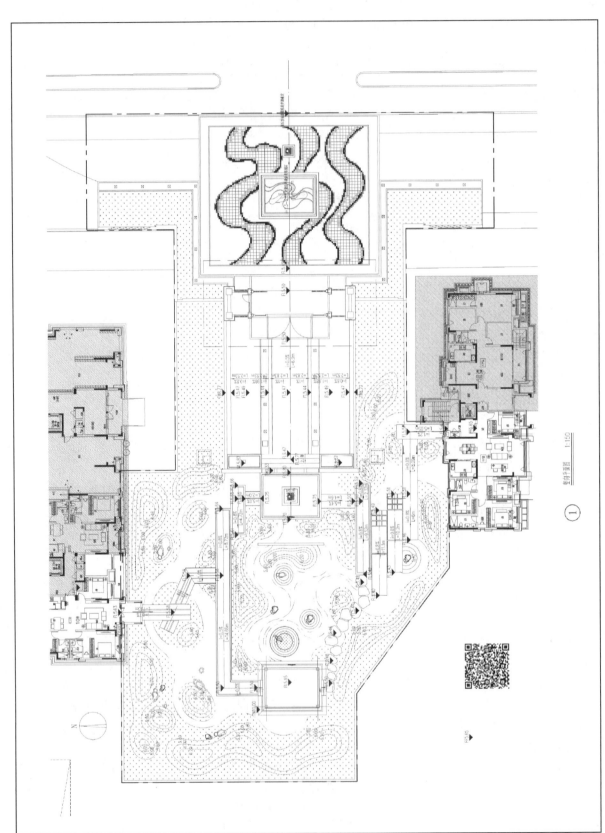

整体平面图 1:150

图 8-6 竖向平面图

8.3.4　铺装平面图

铺装平面图是对整个项目的铺装材料做总体的说明,应根据方案需要定好图例,并在该项目以后的工作中统一图例。图中需标明广场、停车场、园路、树(花)池顶、水池(池底和池壁顶)等硬地地面的铺装材料、铺装样式。在图案表达中应表达铺装分隔线、铺装材料图例,并对材料的规格、材质、颜色、面层做法等做文字说明,如 600×300×30 芝麻白花岗岩荔枝面、220×110×60 红色陶制透水砖等。各种不同材质铺装均做铺装分隔示意,以不同的填充图案区分,填充的图案应与实际铺砌图案相同,图案填充比例应根据图幅比例适当选择,避免线条过于密集、图面杂乱。铺装图案变化较复杂时,还需要对铺装图案进行定位,利用尺寸标注、坐标标注绘制铺装定位图。

总图部分的铺装平面图只需标注关键点材料,更细的部分可索引至铺装局部详图中表示。铺装局部详图即详细绘制铺装花纹的详图,需标注详细尺寸及所用材料的材质、规格,有特殊要求的还要标注网格定位。

具体实例见图 8-7。

8.3.5　索引平面图

索引平面图分为分区索引平面图和详图索引平面图。对于面积较大或分区明显的场地,需要分区域来进行施工图的绘制,从而需要在景观总平面图的基础上,绘制对应的分区索引平面图。图中应明确表示出分区范围线,标明分区区号。分区应明确,不宜重叠,不应有缺漏,尽量保证节点在分区内的完整性,一般按平面的相对独立或功能的相对完整等原则来划分区域。

详图索引平面图与分区索引平面图的绘制目的相同,都是标示总平面图中各设计单元、设计元素的设计详图在本套施工图文本中所在的位置。详图索引平面图的对象是总平面图或分区平面图中的一些重要区域或节点,如特色广场、景观平台、景观水池、停车位等,以及一些景观小品和构筑物,如亭廊、景墙、围墙、栏杆、排水沟等。

索引时应在引出线上注明名称,并绘制索引符号,明确对应的图纸位置。索引符号应由直径为 8～10 mm 的圆和水平直径组成,圆及水平直径线宽宜为 0.25b。当索引出的详图与被索引的详图同在一张图纸内,应在索引符号的上半圆用阿拉伯数字注明该详图的编号,并在下半圆中间画一段水平细实线(见图 8-8(a))。当索引出的详图与被索引的详图不在同一张图纸中,应在索引符号的上半圆中用阿拉伯数字注明该详图的编号,在索引符号的下半圆用阿拉伯数字注明该详图所在图纸的编号(见图 8-8(b))。如若该图纸中所有图均为该节点的详图,则在索引符号的上半圆中间画一段水平细实线(见图 8-8(c))。

具体实例见图 8-9。

8.3.6　设施小品布置平面图

在施工图总图部分还应有设施小品布置平面图,包括室外家具、小品雕塑、环卫设施、亭和廊架等,主要表达场地中公共设施的布局情况。该图是一种示意图,其图例大小不拘泥于实物大小,以表达清晰为准,即在总平面图当中,以图例的形式标出其相应的位置,在图纸的边角处列表,统计出各种设施的数量。

具体实例见图 8-10。

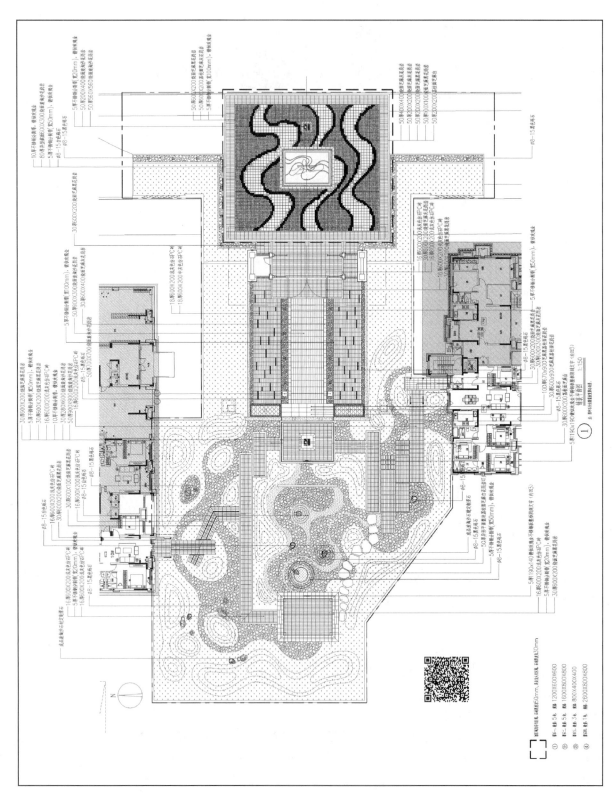

图 8-7　铺装平面图

图 8-8　索引符号

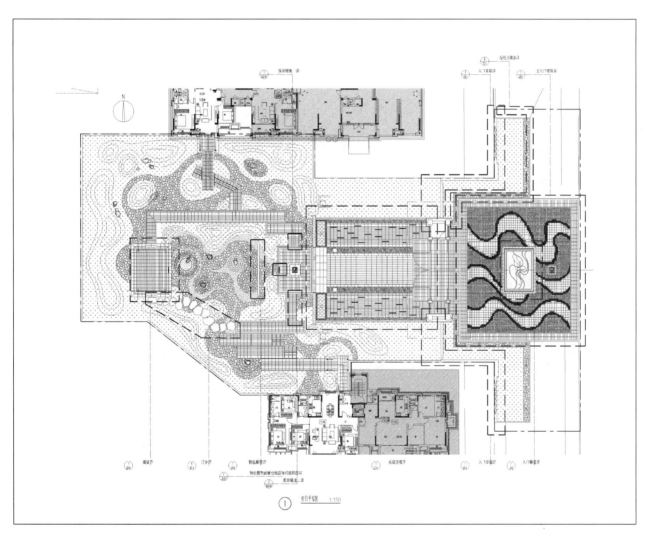

图 8-9　索引平面图

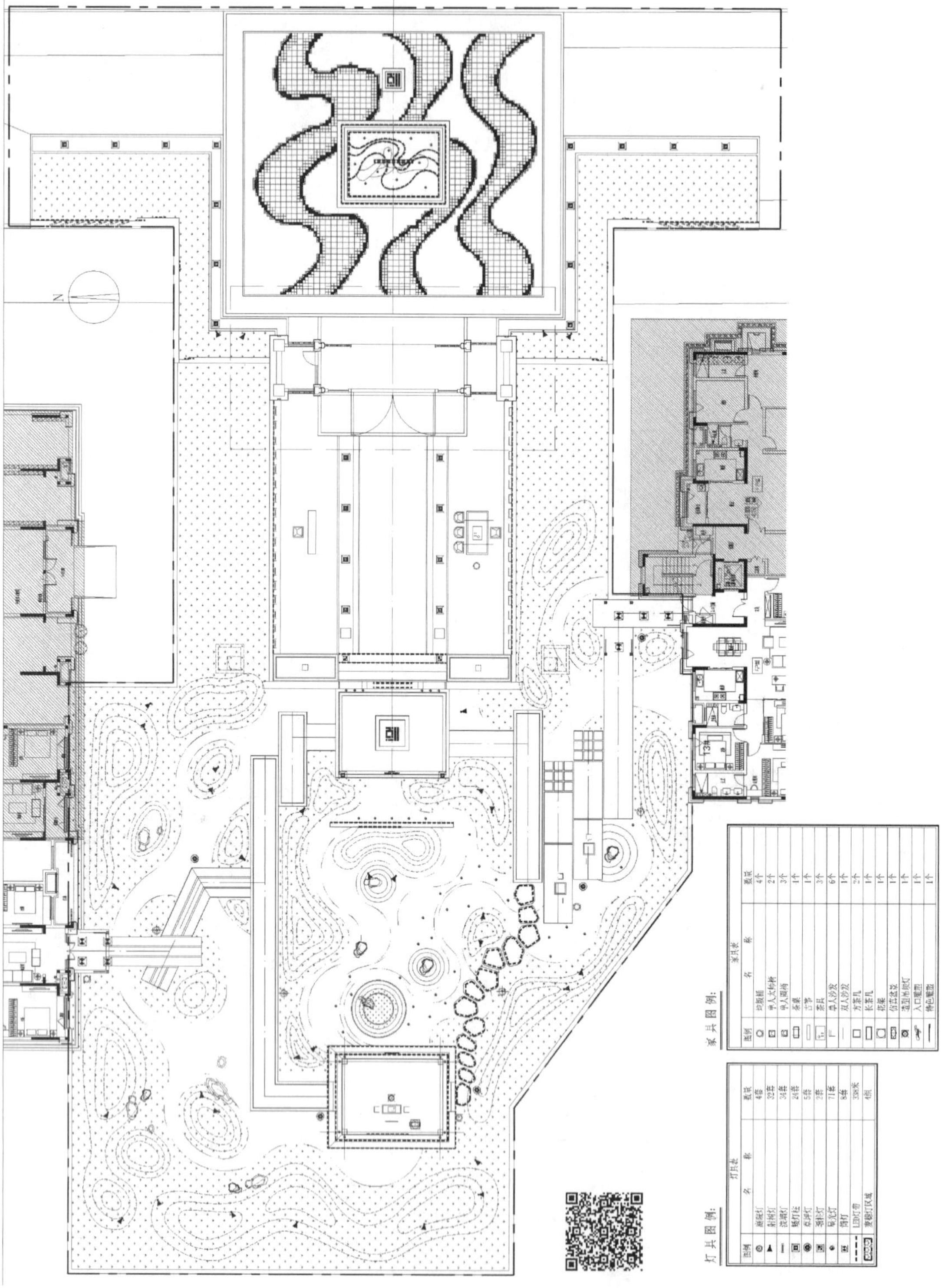

图 8-10 设施小品布置平面图

家具图例:

图例	名 称	数量
	沙发椅	4件
	单人太阳椅	2件
	单人躺椅	3件
	圆桌	1件
	三人沙发	1件
	单人沙发	6件
	双人沙发	2件
	方茶几	2件
	长茶几	1件
	花盆	1件
	遮阳伞座椅	1件
	入口植缸	1件
	特色雕塑	1件

灯具图例:

图例	名 称	数量
	庭院灯	4盏
	草坪灯	15盏
	投射灯	10盏
	壁挂灯	5盏
	水底灯	3盏
	泡泡灯	3盏
	射灯	11盏
	踏灯	8盏
	LED灯带	336米
	背景灯光墙	1组

8.4
施工图详图部分

8.4.1　局部放大平面图

　　总图中不能完全明示的细节及子项应局部放大后再用较大比例绘制。一般需先绘制局部放大平面图，再在此基础上索引出工程细部的详细构造。其中最常见的是各种活动广场、入口广场、游戏场地、中心庭院、景观平台等空间。

　　局部放大平面图也应像总平面图一样分定位平面图、竖向平面图、铺装平面图、索引平面图等。根据项目复杂情况可分别绘制，也可于1～2张图纸上集中绘制，常用比例为1:100～1:200。

　　局部放大平面图上要详细定位各景点的尺寸和坐标关系，各铺装材料的规格、材质、颜色、面层做法等，以及各类景点的设计标高，同时要详细索引工程细部的详图位置，以便在详图中参阅。具体实例见图8-11。

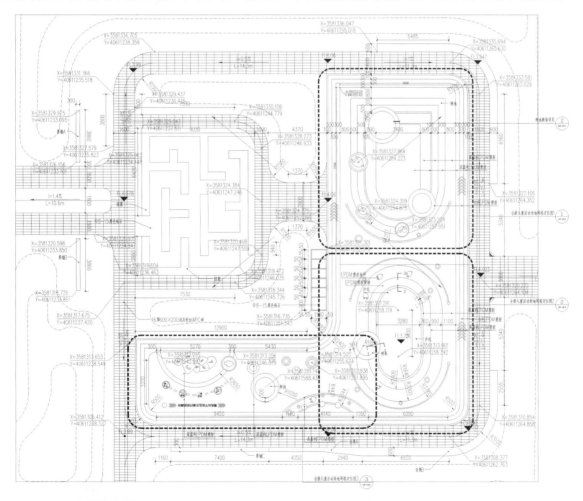

图 8-11　儿童活动场地平面图

8.4.2　园林建筑及小品施工详图

　　园林建筑在园林景观工程中是非常重要的组成部分,其形态、结构、功能都不同于一般的民用建筑或公共建筑。园林建筑的形式多种多样,主要包括亭、台、楼、阁、轩、榭、廊架、大门等,再加上景墙、挡土墙、精神堡垒、花坛、坐凳、雕塑等景观小品,构成了丰富多彩的硬质景观,常常成为项目的"点睛之笔"。在施工图阶段,应提供园林建筑单体的设计,包括建筑的外形、尺寸、材料,并提供建筑基础、各构件的结构以及各节点的施工方法等。

　　园林建筑及小品施工详图根据表现的内容和形式分为平面图、立面图、剖面图、局部大样图和结构图。具体画法详见本书第5章。景观亭施工详图实例见图8-12,景墙施工详图实例见图8-13。

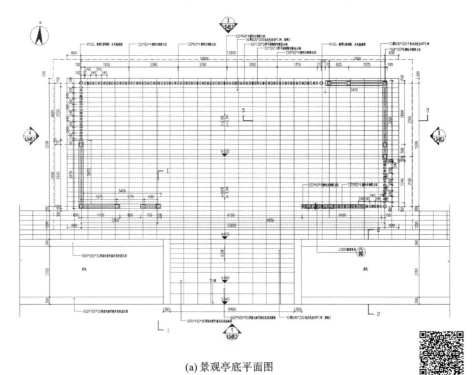

(a) 景观亭底平面图

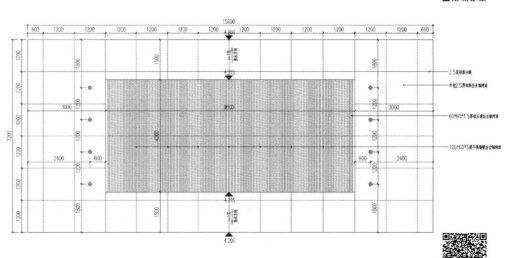

(b) 景观亭顶平面图

图 8-12　景观亭施工详图

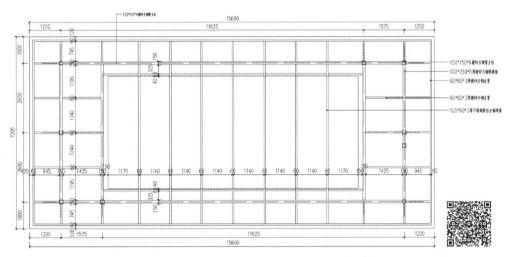

(c) 景观亭顶部结构图

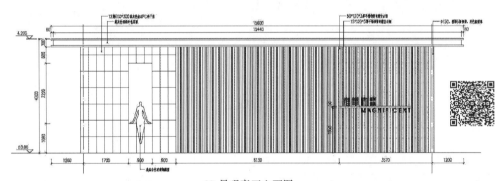

(d) 景观亭正立面图

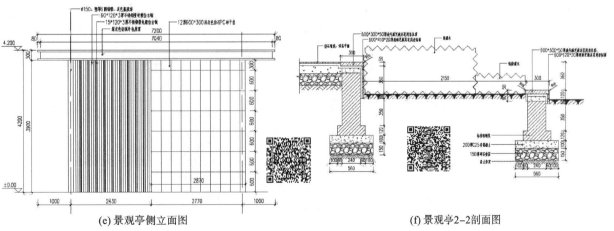

(e) 景观亭侧立面图   (f) 景观亭2-2剖面图

续图 8-12

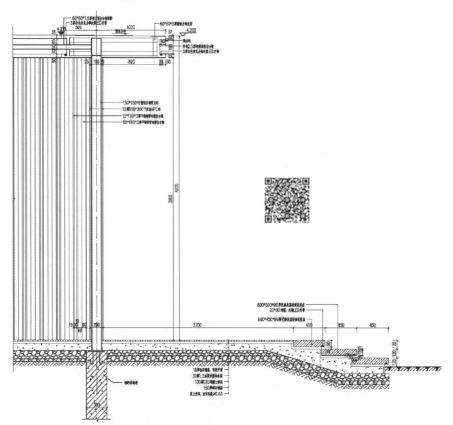

(g) 景观亭1-1剖面图

续图 8-12

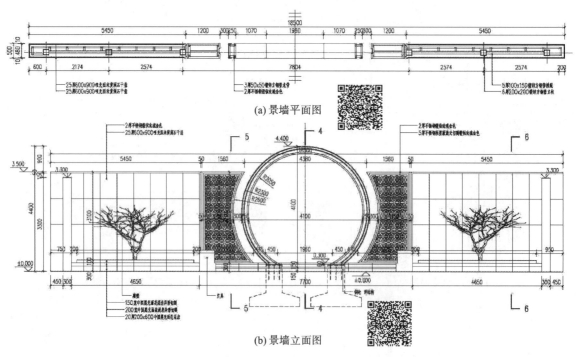

(a) 景墙平面图

(b) 景墙立面图

图 8-13　景墙施工详图

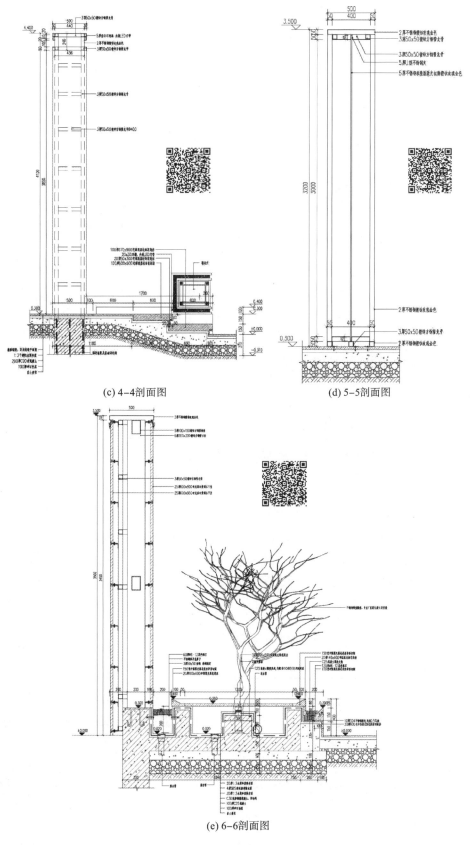

(c) 4-4剖面图　　　　　　　(d) 5-5剖面图

(e) 6-6剖面图

续图 8-13

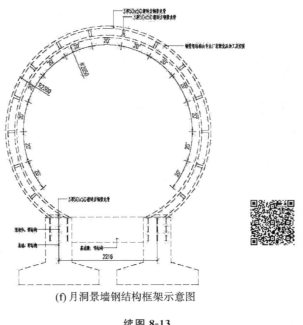

(f) 月洞景墙钢结构框架示意图

续图 8-13

8.4.3 园路、铺装工程详图

园路、铺装工程详图是指导风景园林道路和硬质铺装场地具体施工的技术性图样,它能够清楚地反映园路和硬质场地的铺装材料、施工方法和要求等。园路、铺装工程详图主要包括平面详图、铺装构造详图和附属设施构造详图,必要时对路面的重点结合部及路面花纹可以放大详细表达。

园路的平面详图常针对不同类型园路的标准段进行绘制。在平面详图中需标示相关尺寸及路面装饰性图案的具体样式和材料,路面结构用断面图表示。常见的园路铺装形式有整体路面、块料路面、碎料路面和简易路面。整体路面包括水泥混凝土路面和沥青混凝土路面;块料路面包括各种天然块石或各种预制块料铺装的路面;碎料路面是用各种碎石、瓦片、卵石等组成的路面;简易路面是由煤屑、三合土等组成的路面,多用于临时性或过渡性园路。整体路面和简易路面一般整体铺筑,块料路面和碎料路面可以有多种拼贴组合方式,有时块料和碎料还相互结合,形成多种多样的图案,体现出园路具有丰富的可观赏性、可游可行的特点。常见的园路、铺装工程详图见图 8-14 至图 8-20。

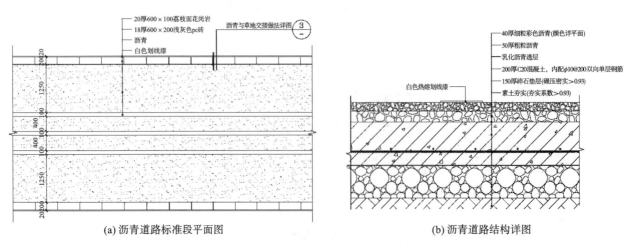

(a) 沥青道路标准段平面图　　　　　　　(b) 沥青道路结构详图

图 8-14　沥青道路施工详图

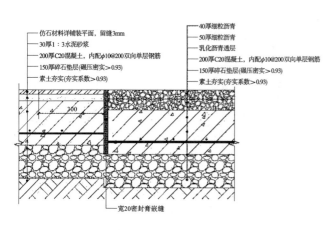

(c) 沥青道路平铺装做法详图

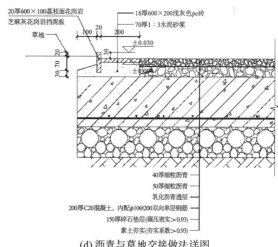

(d) 沥青与草地交接做法详图

续图 8-14

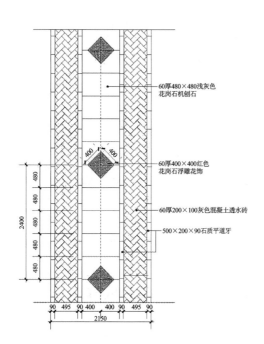

图 8-15　游步道标准段平面图

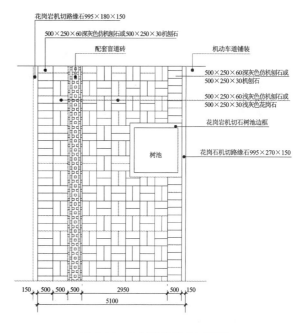

图 8-16　人行道标准段平面图

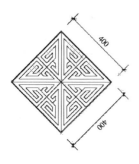

图 8-17　游步道浮雕大样图

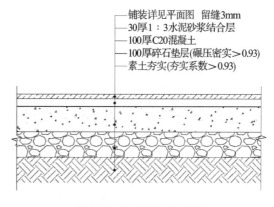

图 8-18　石材铺装结构图

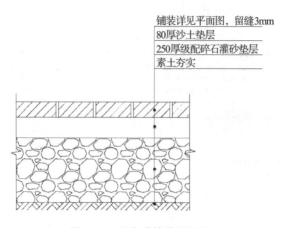

铺装详见平面图，留缝3mm
80厚沙土垫层
250厚级配碎石灌砂垫层
素土夯实

图8-19　透水砖铺装结构图

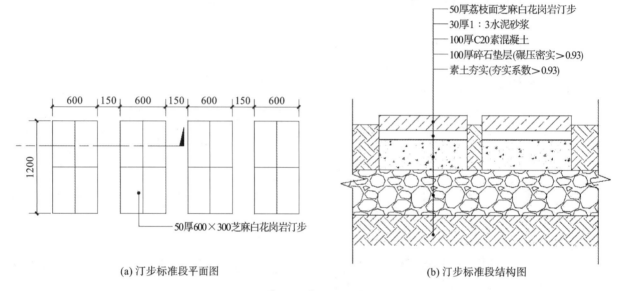

50厚荔枝面芝麻白花岗岩汀步
30厚1：3水泥砂浆
100厚C20素混凝土
100厚碎石垫层(碾压密实＞0.93)
素土夯实(夯实系数＞0.93)

50厚600×300芝麻白花岗岩汀步

(a) 汀步标准段平面图　　　　　　　(b) 汀步标准段结构图

图8-20　汀步标准段详图

　　硬质铺装场地的图案纹样在总图上表达不清楚时需要用大比例图纸进行详细绘制,如有雕刻和拼花图案,还要画出图案大样图。具体实例见图8-21。

　　园路和硬质铺装场地还常有路缘石、台阶、雨水口等附属设施,在进行施工图设计时还需绘制这些附属设施的构造详图。具体实例见图8-22 至图8-26。

8.4.4　水景工程详图

　　水体是构成风景园林空间的主要因素之一,水景工程是风景园林中与水有关的工程的总称。根据水体的来源,水景可分为自然型水景和人工型水景,自然型水景主要有湖泊、溪流、瀑布等,人工型水景则主要有水池、叠水及喷泉等。在水景工程中,针对自然型水景主要有驳岸或护坡工程,人工型水景则重点处理水池工程。

　　水池按主体材料和结构可分为刚性结构水池和柔性结构水池,刚性结构水池在风景园林中最为常见,其基本结构主要包括池底、池壁、池顶、防水层、基础、进水口、泄水口、溢水口和附属设施等。完整的水景工程详图包含平面图、立面图、剖面图、节点大样以及水电图等,图纸一般由图样、尺寸标注及文字标注等组成。具体实例见图8-27。

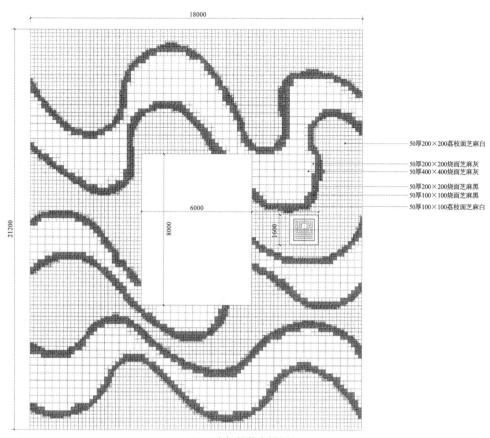

(a) 入口广场铺装大样图

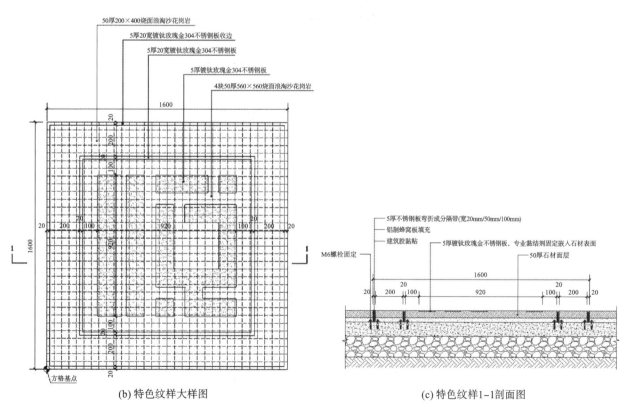

(b) 特色纹样大样图　　　　　(c) 特色纹样1-1剖面图

图8-21　入口广场铺装详图

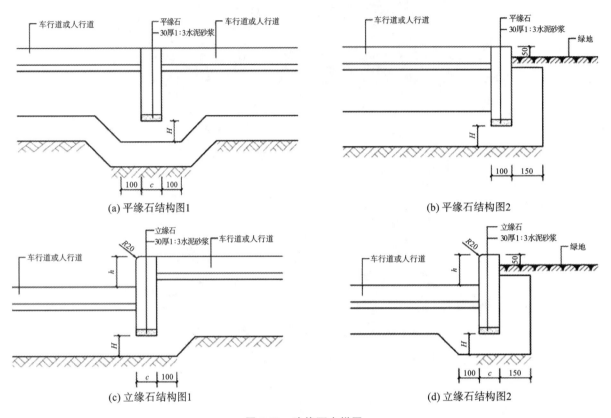

(a) 平缘石结构图1

(b) 平缘石结构图2

(c) 立缘石结构图1

(d) 立缘石结构图2

图 8-22 路缘石大样图

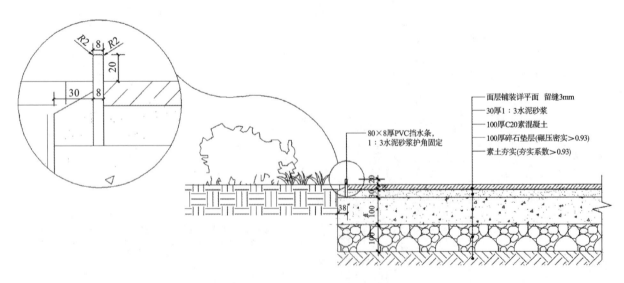

图 8-23 铺装与绿化砾石交接详图

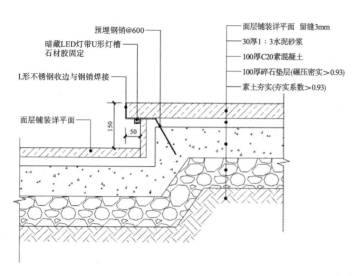

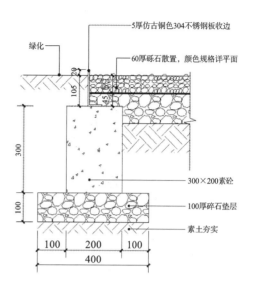

图 8-24　台阶结构详图

图 8-25　砾石收边剖面图

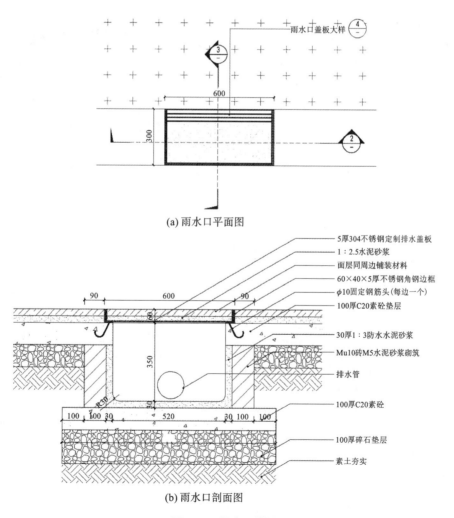

(a) 雨水口平面图

(b) 雨水口剖面图

图 8-26　雨水口详图

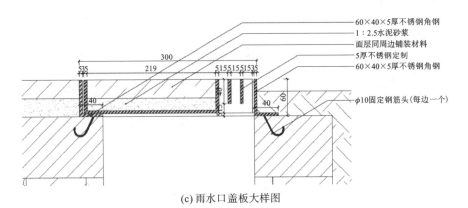

60×40×5厚不锈钢角钢
1：2.5水泥砂浆
面层同周边铺装材料
5厚不锈钢定制
60×40×5厚不锈钢角钢
φ10固定钢筋头(每边一个)

(c) 雨水口盖板大样图

续图 8-26

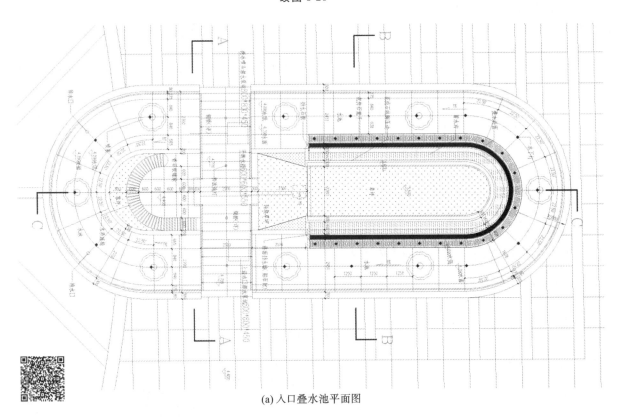

(a) 入口叠水池平面图

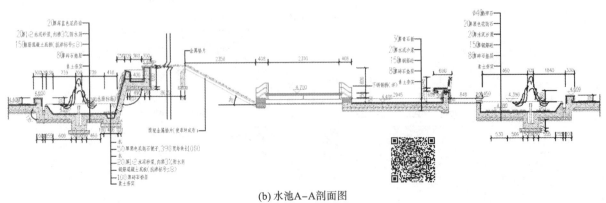

(b) 水池A-A剖面图

图 8-27　入口叠水池施工详图

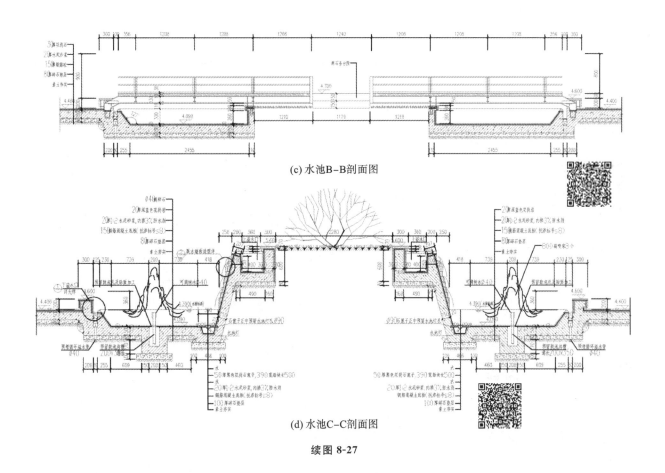

(c) 水池B-B剖面图

(d) 水池C-C剖面图

续图 8-27

8.5
植物种植施工图设计

　　植物是构成风景园林的基本要素之一,植物种植施工图是表示植物种类、种植位置、种植方式、种植数量、规格等的设计图样,是组织种植施工、编制绿化工程预算的重要依据。植物种植施工图通常包括植物种植设计说明、植物种植平面图、种植苗木表和植物种植大样图等。

8.5.1　植物种植设计说明

　　植物种植设计说明是对植物种植施工中的设计要点和施工要点进行交代,主要包含树种选择、植物材料规格术语说明、植物材料检验标准、上球挖掘标准、植物材料运输标准、现场整地标准、定点放线、种植穴开挖标准、种植开堰、非种植季节种植应采取的措施、植物栽植标准、乔木支柱规格标准、灌木和草坪种植前土壤处理、绿化养护、施工管理及注意事项等方面。具体示例见图 8-28。

绿化施工设计说明

乔木植栽施工说明

1、树种选择
设计所用植栽均符合当地生态及气候条件，所有植栽种植完成后的尺寸规格需要，严格依照植栽表要求，并经业主景观设计师书面认可。

2、植物材料规格术语说明
(1) 高枝指修剪后梢顶至地面的高度；
(2) 冠幅指树冠水平方向尺寸的平均值；
(3) 树高、冠幅、尺寸均不包括徒长枝，以徒长枝剪除后量得的尺寸为准；
(4) 干径指树干离地面1.2米处的直径平均值，地径指苗木自地面至0.20米处，树干的直径。

3、植物材料检验标准
植物材料使用前，无论新植、补植、换植均应经业主或景观设计师检验认可，若有下列情形者，不得使用：
(1) 不符合规格尺寸者；
(2) 有显著病虫害，折枝折干、裂干、肥害、药害、老衰、老化、树皮破伤者；
(3) 树形不端正、干过于弯曲，树冠过于稀疏、偏斜及畸型者；
(4) 挖取后搁置过久，根部干涸、叶芽枯萎或掉落者；
(5) 剪型类植物材料，其形状不显著或损坏原型者；
(6) 护根土球不够大、破裂、松散不完整，或偏斜者；
(7) 高压苗、插条苗，未经苗圃培养两年以上者；
(8) 灌木、草花分枝过少，枝叶不茂盛者；
(9) 树干上附有有害寄生植物者；
(10) 针叶树类失去原有端正形态、断枝断梢者；
(11) 种植的苗木品种、规格、位置、树种搭配应严格按设计施工；
(12) 种植苗木的本身应保持与地面垂直，不得倾斜；
(13) 种植时应将苗木的枝叶丰满面或主要观赏面主要观赏面调整；
(14) 种植规则式需横平竖直，树木应在一条直线上，不得相差半树干，遇有树弯方向应一致，行道树一般顺路与路平行，树木高矮，相邻两株不得相差超过50cm；
(15) 种植苗木深浅应适合，一般乔灌木应与原土痕持平，个别快长、易成活的树种可较原土痕深5～10cm，常绿树栽时土球应与地面平或略高于地面5cm。

4、土球挖掘标准
(1) 挖掘树木，应按树木胸径的8-10倍为土球的直径，其深度视其树种根盘深浅而定；
(2) 土球挖妥后，应先用草包裹住土球，再用草绳捆扎，先横扎，再斜扎，交叉密扎，按三角或四角捆扎法完成土球包装，最后以绳子绑住树干固定之后，方可挖倒树木取出，再加以进行土球部包装；
(3) 树木下面的直根或较粗的根应以钢锯锯之，切口整齐，不可撕裂，尤其不可以用圆锹乱砍；
(4) 树木倒地后，阔叶树应剪除叶片及幼枝。针叶树则不可剪；
(5) 修剪枝条应以保持树姿优美为要，保留粗枝，剪除不良枝条、侧枝以外小枝，应使树冠通风透光并防止病虫害发生。

5、植物材料运输标准
(1) 大乔木类运输时应预先包扎树干和树冠，以免影响成活率及树姿变形；
(2) 大树应以吊车吊运，搬运时应注意枝条不可折断，土球尤不可破裂；
(3) 运输时应由车身偏后顺序往前装载，树枝不可逆风而装；
(4) 若在24小时内不能运达现场，应在途中及时检查并采取保湿措施；
(5) 若树冠超出车辆过长、过宽、过高者，应用显著标记标示。

6、现场整地标准
(1) 种植区整地之地形必须配合景观竖向图面所示；
(2) 整地应根据现场实际情况分为粗整地及细整地，粗整地所回填的土应用不含任何垃圾的纯净土，完成浇水夯实后，方可再进行细整地，细整地的回填土应加入植物所需的有机质，有机质含量应不少于3立方米/100平方米；
(3) 整地之地形应考虑泄水坡度及土壤安息角，如为坡地其坡度应平顺完整，除图面特别标示外不可颠簸凹凸不平；
(4) 整地时，应在地形低洼处设置导沟，以便导引排水，避免地面径流直接冲刷。

7、定点、放线
(1) 定点放线应符合设计图纸要求，位置要准确，标记要明显。定点放线后应由设计或有关人员验点，合格后方可施工；
(2) 自然式种植，定点放线应按设计意图保持自然，自然式树丛用白灰线标明范围，其位置形状应符合设计要求，树丛中应钉一木桩，标明所种的树种、数量、树穴规格；
(3) 明确放样区内所有地下管网所在位置，乔木定位若与地下管网发生重大冲突(位移2m以上)，应于施工前获取业主或景观设计师书面认可。

8、种植穴开挖标准
(1) 植穴位置必须综合考虑植栽平面图及地下管网，地上土木建筑物平面配置，最终定位可以酌予调整株距，若考虑到将来树冠、根系的发展，可以稍作移位；
(2) 植穴深度宽度，应按土球四周及底部平均预留10～20cm宽度的标准开挖。以便回填客土，余土除土质优良者不可回填；
(3) 植穴客土应为含有机质的砂质壤土，其他均不得使用；
(4) 客土和规定回填植穴内的砂质壤土，应检除石砾、水泥块、砖块及其他有害杂质才可以使用，加入的有机腐植土应不少于总土量的1/4；
(5) 大乔木的植穴深度最好为1m至1.2m，植穴最底层需有10cm至15cm厚的土层；
(6) 灌木的植穴深度最好为35cm至45cm，植穴最底层需有10cm至15cm厚的土层；
(7) 地被草坪的客土厚度至少10cm。

9、种植开堰
种植后应在树木四周筑成高15～20cm的灌水土堰，土堰内边应略大于树穴、槽10cm左右。筑堰应用细土筑实，不得漏水。

10、非种植季节种植，应采取以下措施：
(1) 苗木应提前采取修枝、断根或容器假植处理；
(2) 对移植的落叶树必须采取强修剪和摘叶措施；
(3) 选择当日气温较低时或小阴雨天进行移植，一般可在下午五点以后移植；
(4) 应采取带土球移植；
(5) 各工序必须紧凑，尽量缩短暴露时间，随掘、随运、随栽、随浇水；
(6) 夏季移植后可采取搭凉棚、喷雾、降温等措施。

11、植物栽植标准
(1) 应配合植栽图面所示，先栽植较大型主体树木，而后配置小乔木及灌木类；
(2) 植物材料应垂直埋入土中，植深以低于植穴上线5～10cm为原则，不得过深过浅，更应考虑新填土日久下陷的幅度；
(3) 肥料植穴底部应先松土10～20cm厚，回填应使用所定分量之肥料混合土，四周土壤应分次埋实，同时灌水充分夯实，夯实时应注意避免伤及根系及护根土球，然后表面再置一层松土，以利吸水分空气；
(4) 重要景观树下需铺撒树皮，保证黄土不露天。

12、乔木支柱规格标准
(1) 支柱宜于定植时同时立设，植妥后再加打桩，以期固定；
(2) 坡地栽植，注意雨水排除方向，以避免冲失根部土壤；
(3) 杉木桩长至少2m，水平撑材长应60cm以上，末径应在5cm以上，并应剥皮清洁后刷桐油防腐；
(4) 粗头削尖打入土中，以期牢固，打入土中深度应在50cm以上，并应在挖掘30cm后以木槌植入；
(5) 支柱应为新品，有腐蛀折痕弯曲及过分裂劈者不得使用；
(6) 支柱与水平撑材间应用铁钉固定，后用铁丝捆牢；
(7) 支柱贴树树干部位加衬垫后用细麻绳或细棕绳紧固并打结，以免动摇。

13、其他
(1) 在图面及施工说明书或细则上未指定之工作，但在一般园艺技术上必须要做之工作，则应随时听从业主景观设计师指示办理。
(2) 本图纸中未注明处请参照当地园林工程设计施工相关规范；所有绿化要严格参照有关绿化规定和相关规范。
(3) 请勿使用直尺、比例尺等相关测量工具在图纸上进行测量，如需得知详细尺寸，可参照本套图纸的电子文件。

图 8-28　植物种植设计说明

灌木、草坪植栽施工说明

1、品种选择
设计所用植栽均符合当地生态及气候条件,所有植栽种植完成后的尺寸规格需要,严格依照植栽要求,并经业主景观设计师书面认可。

2、种植前土壤处理
(1) 土层厚度：不少于30cm(特殊情况例外)。
(2) 土壤纯度：30cm范围内不得有任何杂质如大小石砾、砖瓦等。根据原土中杂质比例的大小或用过筛的方法,或用换土的方法,确保土壤纯度。
(3) 基肥的使用：种植冷季型草坪或土壤贫瘠的地带应使用基肥,施肥量应视土质与肥料种类而定。不论何种肥料,必须腐熟。分布要均匀,以与15cm的土壤混合为宜。
(4) 地面的平整：为确保草坪建成后与地表平整,种草前需充分灌水1~2次,然后再次起高填低,进行耕翻与平整。
绿地应按设计要求构筑地形。对种植面进行泥土细平的工作,对草坪种植地、花卉种植地、播种地应施足基肥,翻耕25~30cm,搂平耙细,去除杂物,平整度和坡度应符合设计要求。
坪床处理是建坪的重要步骤,主要包括土壤清理、翻耕、平整、改良、施肥及排灌系统等工作。要认真清除坪床中的建筑垃圾、杂草等杂物,施入细沙或泥炭,改善土壤的通透性。根据土壤的肥力状况,播种时可适当施入磷酸二铵、复合肥、有机肥等为底肥,施用每平方米30~40克为宜(有机肥施入量可适当加大)。若面积较大,土壤结构较差,建植草坪时要充分考虑到场地的排水问题。砂填最适合建植草坪。如果土壤黏性重,可以用10~15cm的砂填布在表层土中,然后踏实。混砂一定要均匀,不要留下黏土团块,且一定要在土壤干燥时进行。

3、灌木种植材料
(1) 种植材料应根系发达,生长苗壮,无病虫害。规格及形态应符合设计要求。
(2) 苗木挖掘、包装应符合现行行业标准。
(3) 露地栽培花卉应符合下列规定
一、二年生花卉,株高应为10~40cm,冠径应为16~35cm。分枝不应少于4个,叶簇健壮、色泽鲜亮。
宿根花卉,根系必须完整,无腐烂变质。
球根花卉,根茎应苗壮、无损伤,幼芽饱满。
观叶植物,叶色应鲜艳,叶簇丰满。

4、灌木种植
(1) 灌木种植用苗应选用根系发育良好的植株,裸根苗应随起苗随种植,带土球苗不得散球,注意保群不得萎蔫,目的是提高种植成活率。
(2) 花坛种植时,应按设计要求分色彩种植,在起苗、运苗、分苗当中,应将不同品种、不同色彩分别置放,严防混淆。
(3) 灌木种植时注意植株高低、冠径大小合理搭配。栽植深度以原种植深度为好,栽后及时浇水,注意浇水方法,不能沾污植株。
(4) 灌木种植一般带土球者较多,根系损伤较轻,加以灌木要求发挥现场种植效果(特别春季开花的花灌木),一般不应做剪。

5、草坪种植
(1) 在春季或秋季当土壤温度高于15摄氏度时,可以播种。
(2) 在新建植的草坪上,播种深度一般在6.25~12.5mm。
(3) 草坪施工前,表层20cm土壤按有机肥料:碎土=1:19比例混入颗粒。但在夏季氮肥量应只满足最低需求量来控制草坪叶片上的疾病。氮、磷、钾的比例为5:1:3。
(4) 草垫层的管理：在春季,用垂直切割,低修剪和除去草垫层的方法来处理休眠草坪或打破休眠。
(5) 对草坪建植后出现的阔叶杂草的控制使用2, 4-D和麦草畏。春季萌前除草剂使用敌草索和地敬磷。

6、备注
(1) 本说明中未述及的内容如有疑问,应及时与设计方联系,共同协商解决。
(2) 本套图纸中图纸以说明为准,小样图以大样图为准,大样图以详图为准。
(3) 各项施工图均应按照国家相关标准进行施工,达到国家验收规范的要求。
(4) 所有重要灯具、设备、物料的选购应获得甲方和设计方的书面认可后方能进行安装施工。
(5) 本图纸中所含内容只能在本项图纸所规定之范围内采用施工,不得另做他用。
(6) 国家规范如与当地规范冲突,以当地规范为准。

续图 8-28

8.5.2　植物种植平面图

　　植物种植平面图是植物种植施工图的主要图纸。如施工场地较为复杂,植物种植平面图可分为乔木种植平面图、灌木种植平面图、地被种植平面图、水生种植平面图等;若施工场地较为简单,则可只分为上层植物种植平面图和下层植物种植平面图。

　　常用的植物种植平面图的比例一般为 1:200、1:300、1:500。植物种植形式分为点状种植、片状种植和草皮种植。通常采用方格网定位植物位置和种植距离,方格网应与总图坐标网一致。孤植树也可用坐标进行精准定位,规则的点状种植则可标注相关尺寸。

　　点状种植的植物需设置植物图例,该图例应具有可识别性,图案不应复杂,要求简明易懂。片状种植的植物不需要设置植物图例,应清晰绘出种植范围边界线。草皮种植可在草皮种植范围边界线内采用打点的方式表示,或不做填充。

　　点状种植的植物应将相邻同一树种的图例用直线通过种植点相连,并在连线的末端用引出线标注植物名称和该组植物的数量,注意连线不能交叉。片状种植和草皮种植的植物应在种植范围边界线附近,用引出线标注植物名称和种植面积。

　　具体实例见图 8-29。

8.5.3　种植苗木表

　　种植苗木表又称植物种植规格表或植物材料表,该表列出种植的所有植物的名称、规格、单位、数量及备注。实例见图 8-30。

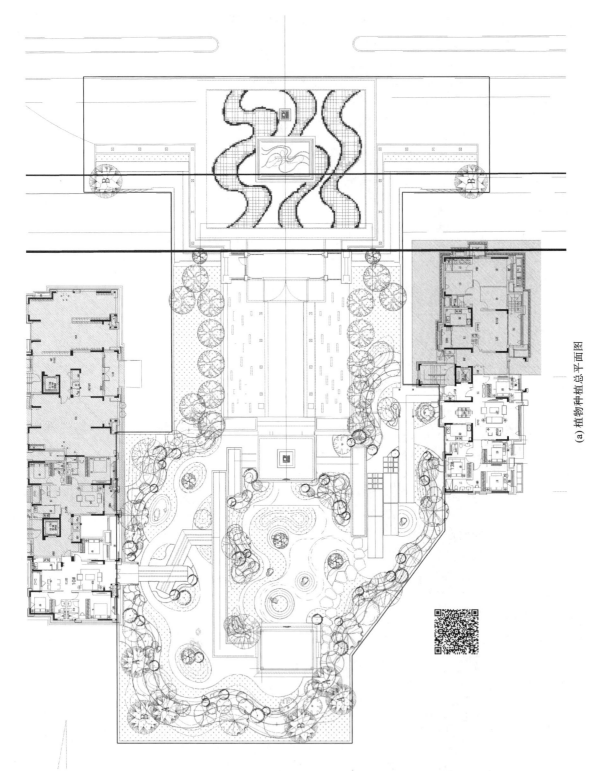

(a) 植物种植总平面图

图 8-29　植物种植平面图

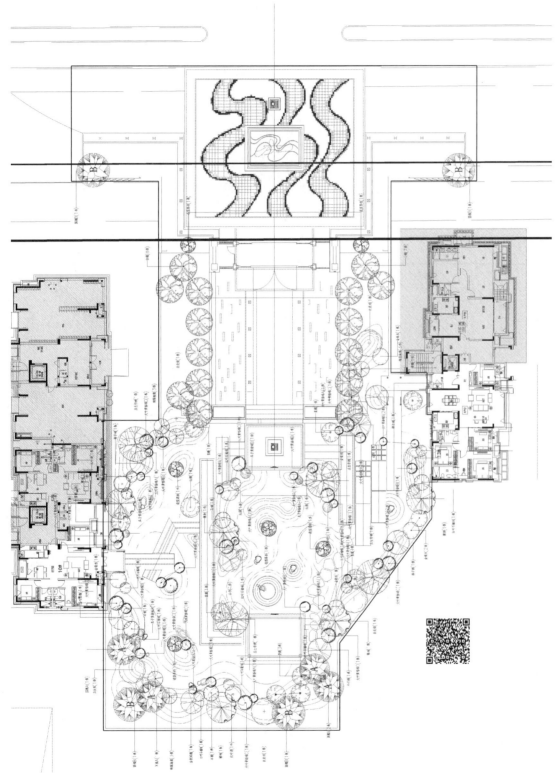

（b）上层植物种植平面图

续图 8-29

(c) 下层植物种植平面图

续图 8-29

大乔木表

编号	中文名	规格				数量(株)	备注、种植要求
		高度(m)	蓬径(m)	胸径(cm)	地径(cm)		
1	丛生朴树	10.0以上	7.0以上			4	全冠,丛生,5头,每头胸径17-18cm
2	造型黑松	3.0-3.5	3.0以上		20-25	6	特型树,造型优美
3	国槐A	5.5以上	3.0以上	18-20		4	全冠,分叉点1.8米,树形丰满开展
4	国槐B	7.0以上	4.5以上	24-26		4	全冠,分叉点1.8米,树形丰满开展
5	白皮松	3.5-4.0	3.0以上			5	蓬型优美完整
6	白蜡	6.0-7.0	4.0-4.5	20-22		15	全冠,分叉点1.8米,树形丰满开展
7	楝树	7.5-8.0	5.0以上	20-22		5	全冠,分叉点1.8米,树形丰满开展
8	柿子树	4.5-5.0	3.0-4.0	14-16		4	全冠,树形完整,三级分支以上
9	金枝国槐	3.5以上	2.5以上	10-12		2	全冠,蓬型优美完整

小乔木及大灌木

编号	中文名	规格				数量(株)	备注、种植要求
		高度(m)	蓬径(m)	胸径(cm)	地径(cm)		
1	山杏	3.0以上	2.5以上		14-16	3	蓬型优美完整
2	紫薇	3.0-3.5	3.0以上		9-10	9	蓬型优美完整,品种为二红紫薇,花色为粉红色
3	红枫	2.5以上	2.0以上		10-12	3	分叉点<90,树形开展,树形自然飘逸具层次感
4	金银木	2.0-2.5	2.0以上			6	树冠完整,树型优美
5	绚丽海棠	3.0以上	2.5以上		8-10	9	分叉枝10枝以上,蓬型丰满
6	石楠	3.0以上	2.5以上			4	蓬型优美完整
7	红叶李	3.0以上	2.0以上		10-12	2	蓬型优美完整,树形开展,枝叶茂密

造型球类

编号	中文名	规格				数量(株)	备注、种植要求
		高度(m)	蓬径(m)	胸径(cm)	地径(cm)		
1	大叶黄杨球A	1.2以上	1.2-1.3			14	蓬型优美完整,不偏冠,不脱脚
2	大叶黄杨球B	1.5以上	1.5-1.6			13	蓬型优美完整,不偏冠,不脱脚
3	大叶黄杨球C	1.8以上	2.0-2.2			11	蓬型优美完整,不偏冠,不脱脚
4	瓜子黄杨球A	1.2以上	1.2-1.3			3	蓬型优美完整,不偏冠,不脱脚
5	瓜子黄杨球B	1.5以上	1.5-1.6			2	蓬型优美完整,不偏冠,不脱脚
6	红叶石楠球	1.5以上	1.5-1.6			12	蓬型优美完整,不偏冠,不脱脚

卜木表

编号	中文名	规格		数量(m²)	备注、种植要求
		高度(m)	蓬径(m)		
1	金叶女贞	0.5-0.6	0.3-0.4	84	36株/平方米
2	大叶黄杨	0.4-0.5	0.25-0.3	189	49株/平方米
3	红叶石楠	0.4-0.5	0.25-0.3	78	49株/平方米
4	瓜子黄杨	0.3-0.4	0.2-0.25	78	64株/平方米
5	金森女贞	0.3-0.4	0.2-0.25	105	64株/平方米
6	画眉草	1.0-1.2		2.2	自然形态,4株/平方米
7	玉蝉花	0.8-1.0		2	自然形态,25株/平方米
8	醉蝶花	0.6-0.8		2.6	自然形态,49株/平方米
9	八仙花	0.6-0.8		3.6	自然形态,9株/平方米
10	天竺葵	0.4-0.5		2	自然形态,49株/平方米
11	百子莲	0.4-0.5		5.6	自然形态,36株/平方米
12	松果菊	0.3-0.4		1.8	自然形态,64株/平方米
13	荷兰菊	0.3-0.4		4.2	自然形态,64株/平方米
14	鼠尾草	0.2-0.3		10.5	自然形态,64株/平方米
15	彩叶草	0.2-0.25		7.2	自然形态,49株/平方米
16	香彩雀	0.2-0.25		8.3	自然形态,64株/平方米
17	白日草	0.2-0.25		18.8	自然形态,81株/平方米
18	美女樱	0.1-0.2		28.1	自然形态,81株/平方米
19	草坪			603	白慕大混播黑麦草

图 8-30 种植苗木表

8.6
辅助专业施工图设计

风景园林工程是一项综合性很强的系统化工程建设项目,施工过程涉及诸多专业。除风景园林主专业需完成园建和种植施工图纸外,还需要多个辅助专业进行相关施工图的设计,其中最常见的是结构施工图、给排水施工图和电气施工图设计。辅助专业的施工图一般单独成册,工程较简单时也可与园建和种植施工图统一成册,但需在每个专业的图纸前添加扉页,并给出各专业的施工设计说明。

8.6.1 结构施工图设计

结构施工图主要表明结构设计的内容和工程对结构的要求,它是表示建(构)筑物各承重构件,如基础、承重墙、柱、梁、板、屋架等的布置、构件类型、尺寸大小、材料质量、构造及相互关系的图样,在施工图中简称"结施"。

结构施工图可作为施工放线、挖基槽、支模板、绑扎钢筋、设置预埋件和预留孔洞、浇捣混凝土及安装梁、板、柱等构件,以及编制预算和施工组织设计等的依据。结构施工图一般需由建筑结构工程师绘制,为终身责任制。具体实例见图8-31。

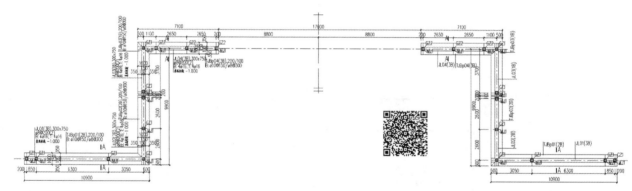

(a) 入口景墙基础平法施工图

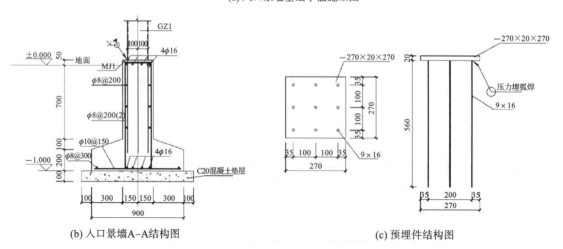

(b) 入口景墙A–A结构图   (c) 预埋件结构图

图 8-31 入口景墙结构图

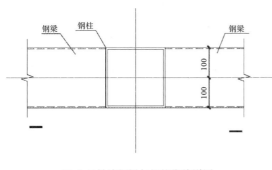

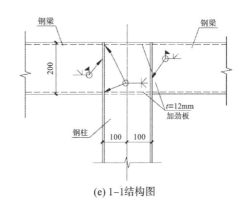

(d) 入口景墙钢梁与钢柱衔接详图   (e) 1–1结构图

续图 8-31

8.6.2   给排水施工图设计

风景园林给排水工程是城市给排水工程的一个组成部分,它们之间有共同点,但是风景园林给排水工程有着自身的特点和具体要求。风景园林给排水施工图需要表达给排水及其设施的结构形状、大小、位置、材料及有关技术要求,以供设计交流和施工人员按图施工。给排水施工图一般包括给排水设计说明、给排水管道平面布置图、管网节点详图、相关设施大样图等。

给排水设计说明主要包含工程概况、设计依据、给水系统、排水系统、管材及管件、管道敷设、水压试验及其他相关事项等内容。具体实例见图 8-32。

风景园林给排水平面图主要根据项目区域的总体布置平面图、景观方案设计图和植物配置平面图进行设计。给水管线布置平面图主要反映的是总的景观取水点及在园林绿化区域内如何设置取水点,必要时应标示绿化灌溉的覆盖范围。

排水管线包括污水管线和雨水管线,一般风景园林工程项目设计仅涉及雨水管线设计。雨水管线布置平面图主要根据项目区域的总体布置平面图和风景园林竖向布置平面图进行设计,主要反映的是在项目范围内道路雨水的收集和排放,在较大面积的广场、起伏的山丘草坪等区域,如何设置排水明沟、盲沟、雨水口、雨水检查井及管网等,如何将收集的雨水就近排放至自然水体或市政雨水管道中。

有时还需要对重要的给排水节点处,如水景、水池等进行详细设计,绘制施工详图。阀门井、水表井、检查井、快速取水阀等给排水相关附属设施还需绘制安装大样图。

具体实例见图 8-33 至图 8-36。

8.6.3   电气施工图设计

风景园林绿地中的用电一般分为设备用电和照明用电。设备用电主要指电动游艺设施、喷泉、喷灌设施等高负载用电设备的用电;照明用电则指各种灯具的用电,特别是为满足夜间游园活动、节日庆祝活动而举办的各式灯会、声光展览等的用电。风景园林电气施工图一般由电气设计说明、电气系统图、照明电气布置平面图、电气安装详图等组成。具体实例见图 8-37。

景观给排水设计说明

1. 工程概况、设计依据

1.1 本工程为东营新城吾悦首府示范区景观工程。设计范围：室外景观绿化给排水。
1.2 国家现行的有关设计标准和规范

《室外给水设计标准》　　GB50013-2018
《室外排水设计规范》　　GB50014-2006(2016版)
《建筑给水排水设计规范》　GB50015-2019
《城市绿地设计规范》　　GB50420-2007(2016年版)

原则同意可研报告的复函。

2. 给水系统

2.1 水源：本地块内预留景观给水管。
2.2 绿化浇灌采用人工手动浇灌。
2.3 绿化浇灌取水阀采用6分(De25)快速取水器。雾森系统本图仅为示意，以厂家深化为准。
2.4 具体位置见施工图，安装位置尽量方便取用，遇排水管或遇大管上弯敷设。

3. 排水系统

3.1 本工程设计暴雨重现期采用P=3年。路面最低处设雨水口、砾石下设透水管或地漏集水收集雨水，雨水排至市政雨水管网。
3.2 施工前校核标高，排水管不得出现淤积倒流等现象。
3.3 雨水口做法详见景观详图，景观详图里未表述的，采用塑料井偏沟式单算雨水口，参照08SS523，连接管DN200坡度为0.01。车行道下雨水口的深度为1米，其他各处为0.50米。排水管未标注的均为DN200坡度为0.01。检查井采用塑料井，带流槽型，当井内径大于或等于600mm时，应采取防坠落措施，车行道下采用重型铸铁防护井盖，其他采用非防护井盖，井及井盖均参照08SS523。检查井盖宜具有防盗功能。位于路面上的井盖，宜与路面持平；位于绿化带内的井盖，不应低于地面。排水系统检查井井盖应设置标识，应在井盖上分别标识"雨"和"污"，合流污水应标识"污"。
3.4 透水管采用DN100,PVC-U包孔排水管外包土工布，开孔率为0.01，就近排至雨水井或雨水口。图中未表述的埋深为0.3～0.4m。

4. 管材及管件

4.1 给水管采用PE给水管，PN=1.25MPa,采用热熔连接，埋地敷设。
4.2 排水管管径大于160的采用HDPE双壁波纹管，承插连接，埋地敷设；小于等于160的采用UPVC管，粘接连接，埋地敷设。车行道下排水管的环刚度为8KN/m²，其他的环刚度为4KN/m²；管道施工及验收应符合《埋地硬聚氯乙烯排水管道工程技术规程》CECS122:2001的要求。
4.3 除特别注明外，DN50以下采用球阀，DN50及以上用闸阀。室外消火栓采用SS100/65型，详见13S201第15页等。
4.4 车行道下的阀门井、水表井采用非黏土砖砌井(单个阀门井平面尺寸400X400，多个阀门的参照05S502)，并采用重型球墨铸铁双层井盖和井座。在绿化处阀门采用塑料阀门箱及盖板。阀门井在人行铺装、人行道路上，井盖采用与铺装一致的材质，即装饰铺装井盖。应在市政给水井盖上标识"上水"，雨水回用灌溉给水管阀门井标识"中水"。冬季防冻将阀门管道做保温包扎，采用20mm厚离心玻璃棉外加玻璃布保温。

5. 管道敷设

5.1 沟槽
a. 沟槽槽底净宽度可按具体情况确定，宜按管外径加0.6m采用。
b. 开挖沟槽，应严格控制基底高程，不得扰动基底原状土层。如发生扰动，不得回填泥土，可填最大粒径10～15mm的天然级配砂石料或最大粒径小于40mm的碎石，并整平夯实。
c. 给水管过车行道时须穿大二号的钢套管，两端露出路边线0.5米。

5.2 管道敷设、基础
5.2.1 给水管道基础
　给水管道覆土厚度：绿化处0.6m，其他各处0.7m，且保证给水管在冻土线以下150mm。给水管道应敷设在经过夯实的天然基础上，如为回填土时做三七灰土填层，分层夯实。对于淤泥和其他承载力达不到要求的地基，必须进行基础处理；对于岩石和多石地层，铺设200mm厚砂垫层。
5.2.2 排水管道基础
　排水管采用180°砂垫层基础，一般土质地段，应在管底原状土地基上铺垫100m厚中粗砂垫层；软土地基、基底在地下水位以下时，采用150mm厚的5～40mm的碎石或砾石砂铺设，上面再铺50mm厚中粗砂垫层。

5.3 回填
从管底到管顶以上0.4m范围内的沟槽回填材料，可采用碎石屑、粒径小于40mm的砂砾、中砂、粗砂或开挖出的良质土。槽底在管基支承角120度范围内必须用中砂或粗砂充填密实，不得用土或其他材料填充。
回填土的压实度，管底到管顶范围内应不小于95%，管顶以上0.4m范围内应不小于80%,其他部位应不小于90%。

5.4 管道固定
管道平敷设时，在阀门等，三通管，弯管处及直线段适当距离处设管墩，用C15素混凝土捣制(或钢支架)。

5.5 管线综合
因室外管线较多，施工时遇到管线交叉，应遵循以下避让原则：
压力管避让重力自流管道；新建管道避让已建管道；小管径管避让大管径管道；临时性管道避让永久性管道；给水管与污水管交叉时，给水管道应敷设在污水管道上。

6. 水压试验、消毒

管道安装完毕后按如下要求进行水压实验：给水管道试验压力为1.0MPa,以满足《给水排水管道工程施工及验收规范》(GB 50268-2008)的要求为合格。消防管道试验压力详见《消防给水及消火栓系统技术规范》(GB50974-2014)。给水管道试压合格交付使用前，应按《给水排水管道工程施工及验收规范》(GB50268-2008)第9.5.1条及9.5.3条的要求，对管道进行冲洗消毒。室外雨水管及检查井的试水要求应按《给水排水管道工程施工及验收规范》(GB50268-2008)第9.3.3条及第9.3.5条之规定进行。

7. 其他

7.1 图中尺寸除标高和室外水平距离以米计外，其他尺寸均以毫米计。给水管标高指管中心，排水管标高指管内底。"DN"表示公称直径，"De"表示公称外径。
7.2 除以上说明外，施工中还应遵照《给水排水管道工程施工及验收规范》(GB 50268-2008)、《埋地塑料给水管道工程技术规程》(CJJ101-2016)、《埋地硬聚氯乙烯排水管道工程技术规程》(CECS122-2001)、04S520埋地塑料排水管道施工等有关规范图集进行施工。
7.3 施工时可依据现场情况作局部调整，但需征求设计人员同意。

图 8-32　风景园林给排水设计说明

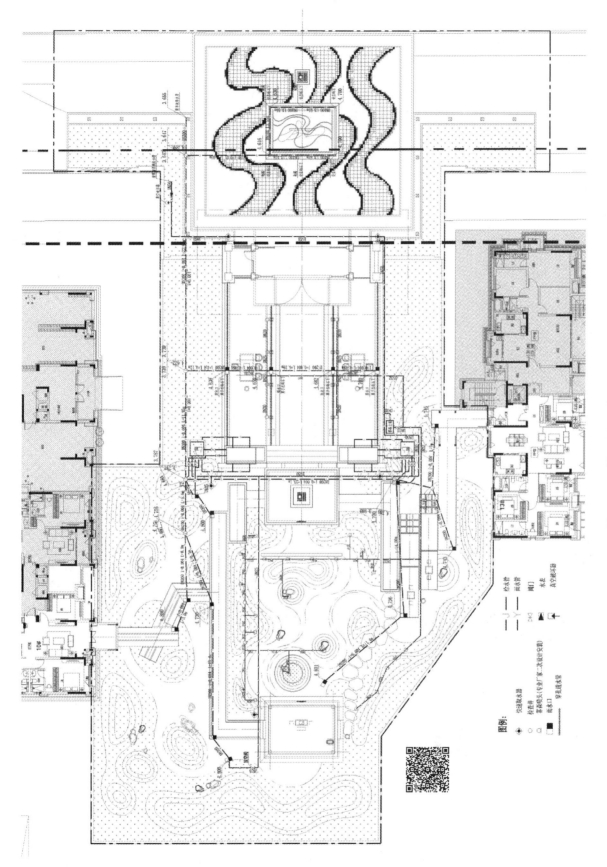

图 8-33　风景园林给排水平面布置图

图例：

- ⊕　快速取水器
- ○　检查井
- ◢　喷淋喷头（专业厂家一次设计安装）
- ■　雨水口
- ▲　真空破坏器

——J——　给水管
——Y——　雨水管
⋈　阀门
▲　水表

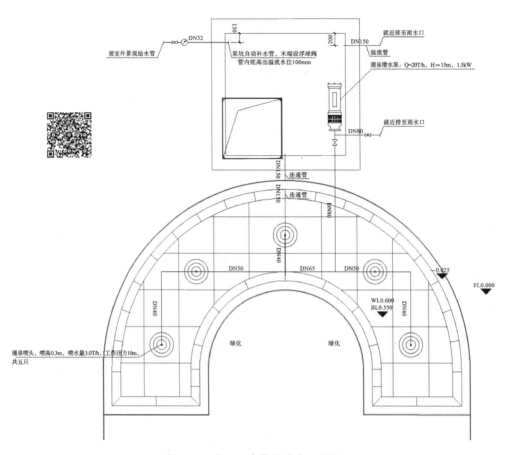

图 8-34　北入口水景给排水平面图

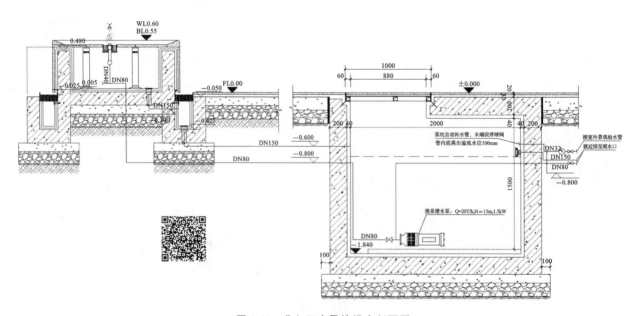

图 8-35　北入口水景给排水剖面图

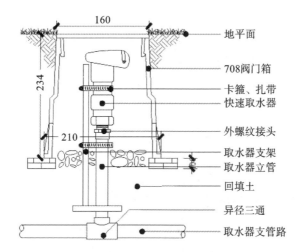

160

234

210

地平面

708阀门箱

卡箍、扎带
快速取水器

外螺纹接头

取水器支架
取水器立管

回填土

异径三通

取水器支管路

图 8-36　快速取水器安装示意图

1、设计依据
(1) GB51348-2019《民用建筑电气设计标准》
(2) GB50052-2009《供配电系统设计规范》
(3) CJJ45-2006《城市道路照明设计标准》
(4) CJJ48-92《公园设计规范》
(5) GJJ37-2012《城市道路工程设计规范》
(6) JGJ/T163-2008《城市夜景照明设计规范》
(7) 其他相关专业提供的资料、要求。

2、设计内容
本工程电气设计内容包括动力、照明系统电气设计。

3、供配电系统
(1) 负荷等级：本工程用电负荷等级为三级负荷。
(2) 供电电源：本工程配电箱电源引入点由现场定。

4、线路敷设
(1) 所有动力、照明回路均采用交联聚乙烯绝缘电力电缆，喷泉电缆采用防水橡套软电缆。
(2) 电缆穿重型PVC管埋地暗敷，埋深0.7米，具体做法详见94D101=5《35kV及以下电缆敷设》。
(3) 电缆手孔井可视具体情况施工，转弯及直线距离超过50m设手孔井。
(4) 选用电缆及穿管管径见系统图。

5、设备及安装要求
(1) 所有接头须进行防潮处理后加热缩套管密封封装，配电箱，电控箱等电气设备防护等级为P65，配电箱安装详见04D702—1《常用低压配电设备安装》。
(2) 照射植物的投光灯按照实际情况调整投射角度，以达到最佳效果。
(3) 户外灯具安装及基础参照厂家的要求见96D702—2《常用灯具安装》、03D702—3《特殊灯具安装》。

6、接地保护、防雷
(1) 低压配电系统的接地形式采用TN—C—S系统，电源进户PEN干线应在进户箱总开关前作重复接地。配电箱、Ⅰ类照明灯具的金属外壳、钢管等所有金属构件外壳均应做好接地措施。
(2) 灯具的金属外壳及灯杆等外露可导电部分均应接地。接地电阻应不大于4欧，若不满足接地要求，则增加人工接地极至满足要求。具体做法详见14D504《接地装置安装》第17页。
(3) 在配电线路上N线和PE线严禁混接。PE线在配电箱处需进行重复接地，配电箱馈电回路PE线长度大于50米需重复接地。
(4) 室外水池在0、1区域范围内均应进行等位联结、辅助等位联结，应将防护区内下列所有外界可导电部分与位于这些区域内的外露可导电部分用保护导体连接，并经过总接地端子与接地网相连。具体做法详见15D502《等电位联结安装》。
1) 水池构筑物的所有外露金属部件及墙体内的钢筋；
2) 所有成型金属外框架；
3) 固定在池上或池内的所有金属构件；
4) 与喷水池有关的电气设备的金属配件；
5) 水下照明灯具的外壳、爬梯、扶手、给水口、排水口、变压器外壳、金属穿线管；
6) 永久性的金属隔离栅栏、金属网罩等。

7、节能及控制方式
(1)照明控制设置两种运行方式：手动、智能控制。其中手动主要在调试和系统检修时使用，智能钟控采用电子定时开关钟，根据季节按存储的时间设定而控制启停，是主要控制方式。
(2)本工程采用电子镇流器或节能型高功率因数电感镇流器，镇流器自身功耗不大于光源标称功率的15%，谐波含量不大于20%；荧光灯单灯功率因数不小于0.9；金属卤化物等气体放电灯设无功单独就地补偿，单灯功率因数不小于0.85，所有镇流器必须符合该产品的国家能效标准。
(3)照明灯具均要求功率因数不小于0.9，否则均应进行单灯功率因数补偿，金属卤化物灯应选用节能型电感整流器。

8、其他
(1) 焊接钢管刷石油沥青二道。
(2) 明敷管道与电力电缆、水管、建筑物等最小净距详见《城市工程管线综合规划规范》。
(3) 所有电气安装铁件、外露接地线完成后应进行防锈处理，即红丹打底一度，外加调和漆二度。
(4) 本设计所有设备型号仅供参考，灯具外型由景观专业与甲方商定后确定。灯具应满足本设计技术参数要求。
(5) 说明中未及部分应根据国家有关施工规范执行。

(a) 电气设计说明

图 8-37　风景园林电气施工图

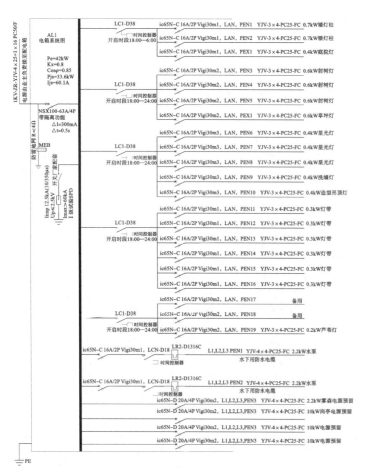

(b) 配电箱系统图

(c) 杆座接地安装示意图

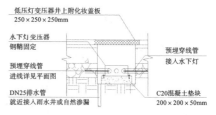

(d) 低压灯变压器安装大样图

续图 8-37

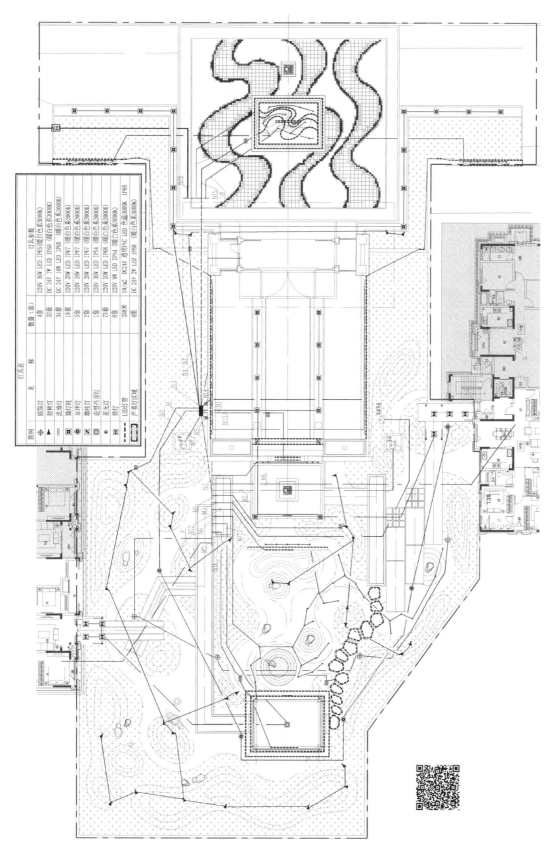

图例	名　称	数量（套）	灯具参数
	庭院灯	4套	220V 36W LED IP65(暖白色系3000K)
	射树灯	32套	DC 24V 7W LED IP68 (暖白色系3000K)
	洗墙灯	34套	DC 24V 10W LED IP68 (暖白色系3000K)
	埋地灯	18套	220V 28W LED IP67 (暖白色系3000K)
	草坪灯	5套	220V 18W LED IP67 (暖白色系3000K)
	墙柱灯	2套	220V 28W LED IP67 (暖白色系3000K)
	壁装月亮灯	1套	220V 36W LED IP68 (暖白色系3000K)
	星光灯	73套	220V 10W LED IP68 (暖白色系3000K)
	照灯	8套	220V 9W 透明PVC LED 七色3000K IP68
	LED灯带	338米	5W/m2 DC24V IP54
	声光灯区域	4组	DC 24V 2W LED IP68

（e）景观照明配电平面图

续图 8-37

参考文献

［1］ 杨锐. 论风景园林学发展脉络和特征：兼论 21 世纪初中国需要怎样的风景园林学［J］. 中国园林，2013，29（6）：6-9.

［2］ 周维权. 中国古典园林史［M］. 3 版. 北京：清华大学出版社，2008.

［3］ 朱建宁，赵晶. 西方园林史：19 世纪之前［M］. 3 版. 北京：中国林业出版社，2019.

［4］ JELLICOE G A，JELLICOE S. The Landscape of Man［M］. London：Thames & Hudson Ltd，1995.

［5］ ROGERS E B. Landscape Design：A Cultural and Architectural History［M］. New York：Harry N. Abrams，2001.

［6］ NEWTON N T. Design on the Land：The Development of Landscape Architecture［M］. Cambridge：Belknap Press of Harvard University Press，1971.

［7］ 王向荣，林箐. 西方现代景观设计的理论与实践［M］. 北京：中国建筑工业出版社，2002：279-230.

［8］ 于冰沁，田舒，车生泉. 从麦克哈格到斯坦尼兹：基于景观生态学的风景园林规划理论与方法的嬗变［J］. 中国园林，2013，29（4）：67-72.

［9］ 高翅. 国际风景园林师联合会：联合国教科文组织风景园林教育宪章［J］. 中国园林，2008，24（1）：29.

［10］ 刘颂. 数字景观［J］. 西部人居环境学刊，2016，31（4）：4

［11］ 王晓俊. 风景园林设计［M］. 3 版. 南京：江苏科学技术出版社，2009.